돌의 사전

STONE DICTIONARY

돌의 사전

광물이 보석이 되기까지 자연과 시간이 빚어낸
115가지 매력적인 돌 이야기

지금이책

들어가며

내가 처음 돌에 관심을 갖기 시작한 건 초등학교 1학년 때였다. 집 근처에서 투명하게 빛나는 작고 아름다운 돌을 마주했을 때 돌과 나의 인연은 시작되었다. 지금 생각해보면 기념품 가게에서 쉽게 볼 수 있는 흔한 돌이었지만 당시 내 눈에는 마치 보석처럼 빛나 보였다. 주머니에 소중하게 넣은 돌을 학교에 가서 꺼내자 친구들이 너도나도 보겠다며 모여들었다. 그날 이후 한동안 학교에서는 '돌 수집'이 유행했다.

다음 날, 짝꿍이 주머니에서 무언가를 꺼내 보이며 말했다. "내 돌이 훨씬 멋있지?" 황금빛을 띠는 사각형 결정의 돌이었다. 충격적인 아름다움이었다. 손에 돌을 받아 들고 이곳저곳 뜯어보며 그 아름다움에 매료되고 말았다. 짝꿍에게 이게 정말 돌이 맞는지 몇 번이고 되물었다.

　　나중에 알고 보니 그 아름다운 돌은 황철석Pyrite이란 돌이었다. 색 때문에 겉보기에만 금과 흡사해 '바보들의 금Fool's Gold'이라 불리기도 하는데, 어린 내 눈에는 황금만큼이나 좋아 보였다.

이러한 기억 때문인지 어른이 된 지금도 여행을 가서도 습관처럼 돌을 찾아다니곤 한다. 이국의 골목 안 골동품 가게 구석에서 발견한 돌과 함께 그 나라에서의 추억도 한 조각 가지고 온다. 내게 돌은 여행지에 대한 추억을 간직한 타임캡슐과 같은 것이다. 또, 세상에 똑같은 돌은 하나도 없기에 내 손에 들어온 돌과 운명처럼 맺어졌다는 생각이 든다.

이 책에서는 돌의 구분을 돕기 위해 모스굳기계Mohs Hardness Scale를 기준으로 광물의 단단한 정도가 낮은 순에서 높은 순으로 나열했다. 세계 각지의 설화에도 자주 등장하는 돌에 얽힌 이야기를 읽으며 여행하는 기분으로 이 책을 즐겨주었으면 한다.

'돌'이란 무엇일까?

길가에 있는 돌 하나를 주워 관찰해보자. 하얀색, 검은색, 회색, 투명한 돌까지 길가에 굴러다니는 흔한 돌멩이 하나에도 그 안에는 수없이 많은 미세 입자가 존재하고 있음을 알 수 있다. 돌을 구성하는 입자 하나하나를 '광물의 결정'이라고 한다. 이 책에서는 주로 광물을 '돌'로 통칭한다. 엄밀히 구분하면 화학적 조성이 일정한 '무기질의 결정'을 광물이라 칭하지만, 생물 기원 화석인 호박Amber과 애몰라이트Ammolite처럼 유기적인 과정에 의해 생성된 것도 보석으로 분류되기 때문에 광물로 본다.

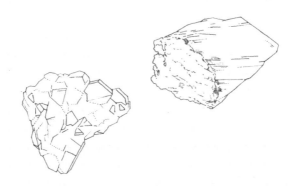

돌에 얽힌 수많은 설화

고대 사람들은 아름다운 색을 가진 돌에는 영적인 힘이 깃들어 있다고 믿었다. 역사적으로 보면 몸에 보석을 지니는 관습도 '악령 퇴치'의 수단으로 돌을 사용하던 문화에서 유래되었다. 지금도 세계 각지에는 돌에 얽힌 전설이 전해지고 있으며, 토착 문화로 굳어져 각 나라의 신앙 속에 살아 숨 쉬고 있다. 종교적 의미가 강한 돌도 있어 실제로 기독교와 유대교 경전 및 신화에도 종종 돌이 등장한다. 지금부터 이러한 돌에 얽힌 이야기를 살펴보며 돌의 매력에 빠져보도록 하자.

CONTENTS

돌의 질감을 느껴보자. 거칠거칠한 돌, 까끌까끌한 돌, 미끌미끌한 돌, 뾰족뾰족한 돌, 부드러운 돌……. 저마다 전혀 다른 질감과 단단함을 가지고 있다. 이러한 돌의 특성을 좀 더 쉽게 이해하기 위해 이 책에서는 '모스굳기계'를 기준으로 굳기가 무른 것에서 단단한 것 순으로 광물 소개를 실었다. 후반부로 갈수록 경도가 점점 높아지도록 구성되어 있으니, 점점 단단해져 가는 돌의 모습을 상상하며 읽어보길 바란다.

• 모스굳기계

광물의 단단함을 10단계로 나누어 표시한 수치이다. 굳기를 결정하는 방법은 광물의 단단한 정도를 결정하는 지표인 표준광물을 측정하고자 하는 광물에 긁어 흠집이 나는지 여부로 판단한다. 예를 들어 동전에 긁으면 흠집이 생기지만 못에 긁으면 흠집이 생기지 않는 돌의 경도는 3과 4의 중간이라 할 수 있다.

㉿ 이 책 각 페이지의 우측 중앙에 적힌 수치는 모스굳기계로 측정한 돌의 굳기를 의미한다. 수치가 하나의 숫자로 떨어지지 않는 것은 굳기가 그 중간쯤이라 생각하면 된다.

부드러움									단단함
1	2	3	4	5	6	7	8	9	10
가장 부드러움	손톱	동전	못	칼날·유리	사포	구리·유리질	굳기 9의 광물	굳기 10의 광물	가장 단단함

일러두기

1. 이 책은 石の辞典(雷鳥社, 2019)을 우리말로 옮긴 것이다.

2. 맞춤법과 외래어 표기는 국립국어원의 현행 규정과 표기법을 따랐다. 단, 본문에 나오는
   전문 용어는 국내 학계에서 두루 통용되는 용어를 선택해 우리말로 옮겼다.

3. 이 책에 실린 광물명은 학명, 보석명, 별칭 중 가장 널리 쓰이는 명칭을 중심으로 실었고,
   이창진, 《기본 광물·암석 용어집》(한국학술정보, 2010)을 참고했다.

4. 본문에서 [ ] 안의 내용은 독자의 이해를 돕기 위해 옮긴이가 덧붙인 것이다.

STONE

001 - 115

001

SOAPSTONE

소프스톤
[비누석]

보석 세공에 사용되는 가장 오래된 광물

인류가 문명 생활을 시작한 이래 보석을 세공하는 데 사용한, 마그네슘을 주성분으로 하는 연질의 광물이다. 소프스톤은 비누나 유지와 같이 미끈미끈한 감촉의, 밀도가 높은 광물의 총칭으로 특히 활석이 유명하다. 입자가 미세하고 순도가 높은 활석을 동석Steatite이라 하는데, 동석은 공예나 조각 장식용 재료로 많이 쓰인다. 그 외에도 공업용품이나 화장품의 재료로 광범위하게 사용된다.

색깔은 주로 흰색이나 미량의 철이 함유되면 녹색을 띠기도 한다. 중국에서는 비취 대용으로 가공한 반투명하고 엷은 녹색의 소프스톤이 조각 장식용으로 널리 유통되고 있다.

1

화학명	수산화규산마그네슘
색	무색, 백색, 금색, 담·암녹색, 갈색
원산지	미국, 캐나다, 독일 등
용도	플라스틱, 고무, 화장품, 도자기용, 조각 장식용

DESERTROSE

데저트 로즈
[사막의 장미]

오아시스의 기억을 품은 꽃

사하라 사막을 포함한 미국, 호주 일대 사막 지대에서 발견되는 석
고 또는 중정석(重晶石)^{Barite}의 결정이다. 오아시스가 있던 장소에   1.5
서 발견된 사례가 많으며 결정이 장미 모양과 비슷하다고 하여 '사
막의 장미'라 부른다.

사막에서 지표로 올라온 지하수가 증발할 때 녹아 있던 화학물
질이 농축되어 장미 모양의 결정을 만드는데, 결정이 장미 모양인
이유에 대해서는 확실하게 밝혀지지 않았다.

결정 자체는 무색 투명하나 표면에 붙은 모래 결정으로 인해 사
막과 비슷한 갈색을 띤다. 중정석은 성분이 석고와 비교해 굳기와
밀도가 높아 들었을 때 묵직한 중량감이 느껴진다.

화학명   황산칼슘수화물
색   무색, 흰색
원산지 미국, 멕시코, 온두라스 등
용도   장식용 돌

REALGAR

리앨가
[계관석鷄冠石]

닭의 볏을 닮은 붉은 독

리앨가는 광산의 가루를 뜻하는 아라비어 'Rahj al ghar'에서 유래되었다. 루비 유황 혹은 비소의 루비라고 불린다. 비소와 유황의   1.5 화합물로 활활 타는 불길을 연상시키는 강렬한 붉은색이 특징이다. 분화구나 온천 주변에서 주로 발견되며, 기원전 그리스 문헌에 기록이 남아 있을 정도로 역사가 오래된 광물이다.

    빛에 장시간 노출되면 파라리앨가Pararealgar와 웅황Orpiment처럼 황동색 가루로 변하고 습기에 약해 취급에 주의해야 한다. 직접 접촉해도 위험하지 않으나 산소와 반응하면 맹독의 비소 염산으로 바뀌는 경우도 있기 때문에 만진 후에는 손을 깨끗이 씻어야 한다.

화학명	일산화비소
색	주황색, 심홍색
원산지	독일, 이탈리아, 루마니아 등
용도	발광다이오드LED, 붉은색 물감, 불꽃놀이

ORPIMENT

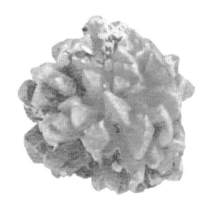

오피먼트
[웅황雄黃]

강렬한 황금색 돌

'황금색 물감'을 의미하는 학명에서 명칭이 유래되었으며, 화가들의 황금색 물감으로 사용되었다. 비소 화합물로 독성이 있으나, 과거 중국에서는 해독 작용을 하는 한방 약재로 사용하기도 했다. 주로 저온의 열수 광상[지하의 마그마에서 방출된 열수가 상승하면서 그 속에 포함된 광물이 침전하여 만들어진 광상]이나 분화구 근처에서 발견된다.

1.5

오피먼트는 같은 비소 계열 광물로 선명한 붉은색이 특징인 리앨가가 분해되면서 생긴 이차광물[높은 온도 또는 높은 압력에 의하여 이루어진 광물이 낮은 온도 또는 낮은 압력 상태에서 다른 광물로 변한 것]이기 때문에 리앨가와 함께 산출되는 경우가 많다. 빛의 굴절률이 높아 아름다운 광채를 내고, 장시간 빛에 노출되면 분해되어 분말 형태로 변하면서 독성이 강해지기 때문에 취급에 주의해야 한다.

화학명 삼유화비소
색 금색
원산지 미국, 중국, 스위스 등
용도 금색 물감, 한방 해독제

005

SULFUR

설퍼
[유황硫黃]

불의 근원과도 같은 레몬색

유황 화합물을 머금은 가스가 공기에 노출되어 굳어지며 생성된 돌로, 주로 화산 분화구 근처에서 팔면체의 결정이나 노란색 덩어리 형태로 발견된다. 유황은 그 자체에서는 냄새가 나지 않지만 연소하면서 냄새를 풍기는 광물이다.

화산 지대가 발달한 일본에서 주로 산출되는데, 결정이 큰 유황은 극히 드물다. 일본 메이지 시대에 성냥의 수요가 증가하면서 성냥의 재료인 유황을 생산하는 유황 광산이 다수 개발되었다. 화약의 재료로도 사용되었던 일본산 유황은 한국전쟁을 계기로 가격이 급등하면서 '황금색 다이아몬드'라 불렸다. 오늘날에는 석유 정제과정에서 부산물로 유황이 생성되기 때문에 예전의 유황 광산은 자취를 감추었다.

|화학명| 유황
|색| 금색
|원산지| 미국, 캐나다, 이탈리아 등
|용도| 화약, 합성고무, 레이온, 유황온천, 살충제, 염료

설퍼

CINNABAR

시나바
[진사辰沙/辰砂]

'용의 피'라 불리는 붉은색 독

'용의 피'를 의미하는 페르시아어와 아라비아어에서 시나바란 명칭이 유래되었다. 중국 후난성의 진주(辰州)에서 다량 산출되어 '붉은 모래'라는 뜻의 진사로 불리기도 한다. 수은으로 이루어진 황화(黃化) 광물로 선명한 붉은색부터 회색이 감도는 붉은색까지 다양한 색을 띠고 다이아몬드광택이 난다. 황과 수은의 화합물인 황화수은의 주성분이다.

2

예부터 인주의 재료로 사용되었으며, 일본에서는 삼국지 《위지왜인전(魏志倭人伝)》에 등장하는 일본 고대 부족국가 야마타이국의 기록에도 남아 있을 정도로 긴 역사를 가지고 있다. 고대 중국에서는 도교와 신선술, 불교에서 빠질 수 없는 불로장생 명약의 재료로 사용되었다. 전통적 중국 의학에서는 주사(朱砂)·단사(丹砂)라 불렸고, 진정과 최면 효과가 있어 한약의 재료로 사용되었다.

화학명	유화수은
색	적색
원산지	미국, 중국, 일본 등
용도	온도계, 붉은색 안료, 한약재

시
나
바

AMBER

앰버
[호박琥珀]

나뭇진에 담긴 고대의 기억

공룡이 살던 중생대부터 포유류가 탄생한 신생대에 걸쳐 군생하
던 침엽수와 활엽수의 진 따위가 땅속에 묻혀서 탄소, 수소, 산소
등과 화합하여 굳어진 돌이다. 오래전 멸종된 지질시대 곤충이나
식물의 화석인 호박은 희소가치가 높으며, 전 세계 호박의 90%가
발트해 연안에서 발굴되고 있다.

  색은 백색을 띠는 것부터 탁한 노랑, 흑갈색까지 다양하나, 세월
의 흐름에 따라 진한 주황색으로 변색되기도 한다. 불투명한 호박
은 기름에 넣고 찌면 투명해지는데, 이 투명한 호박을 보석으로 가
공할 때 나오는 작은 부스러기를 굳힌 돌도 시중에 많이 유통되고
있다. 호박은 밀도가 낮아 바닷물에 떠오르는데 태풍이 지나간 해
변에서 다수 발견되기도 한다.

2

화학명	산화탄화수소
색	백색, 황색, 주황색, 녹색, 청색, 붉은색, 검은색
원산지	미국, 동유럽, 도미니카 등
용도	보석 장식품, 러시아 예카테리나 궁전의 호박 방

앰버

PALYGORSKITE

팔리고르스카이트
[팔리고르스카이트]

천사의 피부 '오팔'이라 불리는 돌

팔리고르스카이트라는 명칭은 산지인 러시아 우랄산맥 광산의 이름에서 따왔다. 바다와 호수의 퇴적물에서 생성된 돌로 모양이 오팔과 비슷하여 시중에서는 주로 '핑크 오팔'이라는 이름으로 유통되지만, 사실 오팔과 성분은 전혀 다르다. 색은 주로 분홍색과 백색이다.

2

천연 점토광물[점토 상태로 산출되는 광물로 풍화 작용이나 열수 변질 작용 등에 의해 쉽게 다른 광물로 변한다.]인 세피오라이트를 대체하는 점토광물이며 토목용으로 이용된다. 가열 건조하면 습도조절과 흡취력이 뛰어나 유럽에서는 고양이 화장실의 모래로 사용한다.

화학명	수화규산마그네슘알루미늄
색	백색, 회색, 연한 갈색, 분홍색
원산지	러시아, 호주, 멕시코 등
용도	고양이 화장실용 모래, 기름흡착제, 토목시추 작업용

SERPENTINE

서펜틴

[사문석蛇紋石]

뱀 무늬를 가진 수호석

사문석은 안티고라이트Antigorite, 크리소타일Chrysotile, 리자다이트 Lizardite가 포함된 광물군의 이름이다. '뱀과 비슷한'을 뜻하는 라틴 어 'serpentinus'에서 유래되었으며, 뱀의 피부와 닮은 얼룩무늬를 가지고 있어 사문석이라 불린다. 주로 백색, 황색, 녹색, 회녹색을 띠며, 특히 반투명한 녹색 사문석은 경옥비취과 닮아서 '사문석 옥' 이라는 이름으로 판매된다.

사문석은 철, 마그네슘, 알루미늄, 니켈, 망간 등의 원소로 구성 되어 부드럽고 표면에 흠집이 생기기 쉽기 때문에 조각의 소재로 사용된다. 고대 로마에서는 밤길을 걸을 때 수호석으로 사문석을 지니고 다녔다.

화학명	수산화규산마그네슘
색	백색, 회색, 황색, 황록색, 녹색
원산지	미국, 캐나다, 영국 등
용도	지중해 크레타섬에서 번영한 고대 미노아 문명의 도자기, 정원석, 조각

ULEXITE

울렉사이트
[텔레비전돌]

들여다보면 신기한 세계가 보이는 돌

평편하게 자른 돌을 곱게 갈아서 글씨나 그림이 그려져 있는 종이 위에 뿌리면 돌의 결정이 광섬유의 역할을 하면서 결정 아래 글씨 나 그림이 결정 표면에 떠오른 것처럼 보인다. 이러한 특징 때문에 텔레비전돌이라는 이름이 붙었다. 이는 평행으로 빈틈없이 늘어선 섬유상 결정 내부를 빛이 투과하며 나타나는 현상으로 '글라스파 이버Glass Fiber 효과'라고 한다.

붕산을 풍부하게 머금었던 호수가 마르면서 형성된 건조 지대 에서 주로 솜사탕 같은 덩어리, 원형, 렌즈 모양의 집합으로 발견 된다. '텔레비전돌'이라는 이름으로 시중에 판매되는 섬유상 결정 은 실제로 많지 않다.

2.5

화학명 수화수산화붕산칼슘나트륨
색 무색, 백색
원산지 미국, 캐나다, 독일 등
용도 유리 및 도자기의 유화제, 비누 첨가물, 비료

BRUCITE

브루사이트
[수활석水滑石]

열을 가하면 전기를 발생시키는 돌

명칭은 미국의 광물학자인 아치볼드 브루스Archibald Bruce의 이름에서 따왔다. 보통 무색 또는 담녹색이지만, 남미 광산에서는 마그네슘의 일부가 망간으로 변하면서 황색을 띠는 희소한 돌이 발견된다.

2.5

변성암 중 아라고나이트산석, 칼사이트방해석, 소프스톤비누석과 함께 발견되는 경우가 많다. 열을 가하면 전기가 발생하는 초전도체로 농도가 묽은 염산에 용해될 정도로 산에 약하다. 또 녹는점이 높아 공업용 화로의 단열재에 사용되거나 의료용 산화마그네슘의 원료로 사용된다.

화학명	수산화마그네슘
색	백색, 회색, 황색, 담녹색, 청색
원산지	러시아, 중국, 카자흐스탄 등
용도	고무, 플라스틱, 비료

브루사이트

012

GALENA

걸리나
[방연석方鉛石]

세계 최초로 정련된 금속

연한 회색의 반짝거리는 무거운 황화 광물로 정육면체 혹은 정팔면체 결정을 지닌 돌이다. 납 함유량이 약 90%에 달해 납의 주원료로 사용된다. 명칭은 '납 광물'을 뜻하는 라틴어 'galena'에서 유래되었다. 또 대부분의 방연석은 은을 함유하고 있어 은의 원료로도 알려져 있다. 장시간 공기에 노출되면 납의 산화물인 흰색 막이 생기며 탁해지기 때문에 취급에 주의가 필요하다.

2.5

    납은 녹는점이 낮아 모닥불 정도의 열 온도만으로도 납을 추출할 수 있을 정도로 정련이 간단하다. 기원전 6,500년경에 납을 정련한 흔적이 터키에서 발견되면서 방연석은 세계에서 최초로 정련된 금속으로 알려지게 되었다.

화학명   황화납
색   엷은 회색
원산지   미국, 호주, 세르비아 등
용도   인쇄용 활판

CHALCANTHITE

칼칸타이트
[담반膽礬]

동광에서 탄생한 아름다운 푸른 고드름

'구리 꽃'을 의미하는 그리스어에서 유래되었으며, 선명한 청색 결정이 특징이다. 물에 녹는 성질이 있어 지하수에 녹아 있는 담반이 구리 광산의 갱도 내벽을 덮어 싸고 있는 피막 형태로 발견되거나 천장에서 떨어진 고드름 모양으로 발견되는 경우가 많다. 천연 결정이 희소하여 일반적으로 유통되는 돌은 주로 인공 결정이다.

2.5

습기와 건조에 약해 공기 중에 두면 표면이 흰색으로 변한다. 보존이 어려워 장식용으로는 적합하지 않고, 독성도 강해 취급에 주의가 필요하다.

화학명	황산구리
색	청색
원산지	미국, 프랑스, 칠레 등
용도	청색 안료, 구리도금 용액, 농약

칼칸타이트

CERASITE

세라사이트

[앵석櫻石]

영원히 시들지 않는 벚꽃

일본의 교토 가메오카시에 있는 스가와라노 미치자네(菅原道真) 가문이 살던 지역인 사쿠라 덴만구가 대표적인 산지이다. 돌의 단면에 분홍색으로 빛나는 벚꽃잎 모양이 나타나서 '앵석'이라 부른다. 이 모양은 아이올라이트근청석의 결정이 변질되는 과정에서 틈에 운모가 들어가면서 형성된다.

2.5

스가와라노 미치자네의 선대가 심은 벚나무 근처에서 산출된다는 전설이 있으며, 악귀를 쫓는 돌로 방문객들에게 나눠주었으나 1922년에 '히에다노(稗田阿)의 근청석 가정(仮晶)'이라는 명칭으로 일본의 천연기념물로 지정되면서 현재는 채굴이 금지되었다. 꽃의 직경은 약 5㎜로 매우 작고, 엿가락 모양으로 잘라서 판매된다.

화학명	알루미노규산마그네슘
색	무색, 백색, 담녹색, 분홍색
원산지	미국, 러시아, 브라질 등
용도	장식용 돌

세라사이트

015

MICA

마이카
[운모雲母]

물고기의 비늘이 겹겹이 쌓인 투명한 결정

칼륨과 알루미늄을 주성분으로 하는 운모는 물고기의 비늘처럼 반짝반짝 빛나는 진주광택을 가진 얇은 판 모양의 결정이 나타난다. 얇은 결정들은 층과 층끼리 결합하는 힘이 약해서 한 장 한 장 벗겨지는데, 그 숫자가 1,000장에 달할 만큼 많다는 뜻에서 '천 장(千枚) 벗겨내기'라고 부른다.

3

백운모 중에도 입자가 세밀한 '면 운모'는 촉감이 매끄럽고 부드러운 광택을 가지고 있어 화장품 파운데이션의 성분으로도 사용된다. 또 열에 강하고 전기가 잘 통하지 않는 성질을 가지고 있어 벽난로의 뚜껑이나 전기 절연체의 재료로 사용되기도 한다.

화학명	불소수산화알루미노규산알루미늄칼륨
색	무색, 백색, 녹색, 적갈색, 분홍색
원산지	중국, 브라질, 인도 등
용도	화장품, 의료용품, 진공관, 토스터

마이카

CHRYSOCOLLA

크리소콜라
[규공작석硅孔雀石]

플라톤의 제자가 지은 이름

기원전 315년에 그리스 철학자 테오프라스투스가 《돌에 대하여》에서 처음으로 이 광물의 이름을 기록으로 남겼다. 그리스어의 '금'을 의미하는 'chryos'와 '접착제'를 의미하는 'kolla'의 합성어다. 건조 지대에서 다른 구리 광물이 분해될 때 만들어진 이차광물로 나뭇진과 비슷한 질감에 보통 신장상(腎臟狀), 피각상(皮殼狀), 괴상(塊狀)의 집합체로 발견된다.

3

석영과 오팔처럼 굳기가 높은 광물에 섞여 성장하며, 색깔은 녹색이나 청색, 청록색이다. 조흔은 엷은 녹색으로 선명하다. 굳기가 낮아 부서지기 쉽기 때문에 나무의 진을 섞어 연마하여 가공한다. 보석 장식품으로는 적합하지 않으나 미국산 반투명 고급 공작석은 질이 좋아 보석으로 세공된다.

화학명	수산화규산구리
색	청색, 청록색
원산지	영국, 체코, 이스라엘 등
용도	보석 장식품, 장신구

크리소콜라

017

CELESTINE

셀레스틴
[천청석 天靑石]

하늘을 담은 담청색

1971년 이탈리아 시칠리아섬에서 발견된 돌로 명칭은 라틴어로 '천국'을 의미하는 '셀레스타이트^{Celestite}'에서 따왔다. 천청석이라는 이름으로도 불리며, 주성분은 스트론튬이다. 가열하면 붉은 불꽃을 내기 때문에 불꽃놀이용 화약 재료로도 사용된다.

천청석 원석은 부드럽고 부서지기 쉬우므로 보석 장식품으로 적합하지 않으나, 아름답게 빛나는 결정 때문에 수집용으로 인기가 많다. 마다가스카르산이 가장 유명하다. 미세한 수정 결정이 빈틈없이 붙어 형성되며, 암석 또는 광맥 따위의 속이 빈 곳의 내면에 결정을 이룬 광물이 빽빽하게 덮여 있는 정동(晶洞)^{geode}의 형태로 천청석 결정이 발견되는 경우가 많다. 일본에서는 석고와 함께 섬유상 결정으로 발견된다.

화학명	황산스트론튬
색	무색, 녹색, 청색, 적색
원산지	미국, 나미비아, 마다가스카르 등
용도	불꽃놀이용 화약, 손전등

018

BARYTE

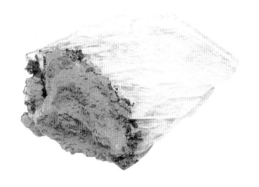

버라이트
[중정석重晶石]

위산에도 녹지 않는 돌

중량이 큰 광물로 명칭 또한 '무거움'을 뜻하는 그리스어에서 유래되었다. 위산에도 녹지 않는 성질을 이용하여 과거에는 천연 중정석을 가루로 만들어 조영제의 재료인 황산바륨으로 사용했다.

투명한 담녹색 아콰마린을 닮은 결정, 수정을 닮은 주상(柱狀) 결정군, 하얀 산호와 같이 얇은 판 모양 결정 등 다양한 형태가 있으며, 상당히 부드럽고 부서지기 쉬워 보석 장식품으로 적합하지 않다. 건조 지대에서 발견되는 '사막의 장미' 중에도 중정석으로 이루어진 것이 존재한다. 미국 콜로라도주에서는 진한 황금색의 희소한 중정석이 채굴되기도 한다.

3

화학명	황산바륨
색	무색, 흰색, 황색, 주황색, 적갈색
원산지	영국, 이탈리아, 체코 등
용도	의료용 조영제, 백색 안료

019

CALCITE

칼사이트
[방해석方解石]

태고의 바다에서 탄생한 조개껍데기

조개껍데기와 진주처럼 생물에서 유래된 돌로, 주성분은 아라고나이트산석와 같은 탄산칼슘이다. 자연에 널리 분포해 있는 돌로 결정 형태만으로도 300종류 이상이 존재하며, 색과 형태도 다양하다. 방해석은 시멘트의 원료인 석회암이나 대리석을 구성하는 주요 광물이다.

3

무색 투명한 방해석 결정을 글자나 그림에 대고 보면 두 겹으로 겹쳐 보이는 '이중굴절 현상'이 나타나는데, 광선을 이중굴절시키는 성질 때문에 편광기 따위의 광학 기구를 만드는 데 쓴다. 이중굴절 실험에 사용되는 투명도가 높은 방해석은 아이슬란드의 화산암 동굴에서 주로 산출된다. 투탕카멘 무덤과 고대 이집트의 앨러배스터 항아리 조각에도 사용되었다.

화학명　탄산칼슘
색　무색, 백색, 분홍색
원산지　미국, 독일, 아이슬란드 등
용도　고대 그리스·로마 건축물, 시멘트의 원료, 조각

VANADINITE

바나디나이트
[갈연석褐鉛石]

불꽃 같은 붉은 결정이 이어진 돌

1801년에 최초로 발견된 희토류인 바나듐의 자원 광물 중 하나이다. 명칭은 북유럽 스칸디나비아의 신화에 등장하는 사랑과 미의 여신 '바나디스Vanadis'에서 유래되었다. 납을 포함한 퇴적물이 산화되어 만들어진 이차광물로 주로 산업용 납의 원료로 이용된다.

선명한 붉은색과 주황색 광물로 표면에 광택이 있는 육각 판상이나 육각 주상의 아름다운 결정이 나타나기 때문에 수집용으로 인기가 많다. 모로코의 미델트와 나미비아 추메브 등은 품질이 좋은 표본 광물이 채집되는 산지로 유명하다.

3

화학명	바나듐산염
색	황색, 주황색, 적갈색
원산지	멕시코, 브라질, 모로코 등
용도	바나듐의 자원 광물, 촉매

바나디나이트

021

GLENDONITE

글렌도나이트
[글렌도나이트]

해변을 수놓은 신비한 물체

칼사이트처럼 탄산칼슘으로 이뤄진 광물이다. 러시아 서북부 백해 연안 모래사장의 하얀 원형 모양의 돌을 쪼개면 그 안에서 글렌도나이트가 발견된다. 갈색의 뾰족한 겉모습이 칼사이트와 전혀 달라서 칼사이트와는 다른 광물이라는 주장도 있으나 아직 명확히 밝혀진 바는 없다.

3

최근에는 대서양과 북극해 사이의 그린란드 지역에서 채굴되는 이카이트Ikaite라는 설이 가장 유력하다. 글렌도나이트는 해저에서 분출되는 탄산 온천 주변에서 생성되는데, 해저로 떠오르면서 섭씨 3℃ 이상의 온도에서 급속하게 수분을 잃으면서 칼사이트로 변한 것으로 추정된다.

화학명	탄산칼슘
색	갈색
원산지	러시아
용도	장식용 돌

글렌도나이트

ATACAMITE

아타카마이트
[녹염동광绿盐铜矿]

'자유의 여신'을 상징하는 초록색

명칭은 최초 발견지인 칠레 북부의 아타카마사막의 이름에서 유래되었다. 염분을 포함한 건조한 사막 지대에서 생성되는 황동석의 이차광물로, 주로 해저에 있는 흑색 분출구 광상이나 해안 부근의 구리 광상 등 염분이 많은 장소에서 발견된다.

3

깊고 어두운 녹색 또는 선명한 에메랄드그린 결정을 가지며, 다이아몬드처럼 광택을 내는 매우 환상적인 돌이다. 결정은 주로 얇은 기둥이나 판 모양이 많으나 괴상, 입상, 섬유상의 집합체로 이루어진 것도 있다. 자유의 여신상을 상징하는 녹색은 구리 합금이 부식되어 생긴 아카타마이트로 이루어져 있다.

화학명	염화구리
색	밝은 녹색, 암녹색
원산지	미국, 멕시코, 칠레 등
용도	자유의 여신상

아
타
카
마
이
트

023

CERUSSITE

세루사이트
[백연석白鉛石]

엘리자베스 1세가 사랑한 백색 가루

명칭은 '흰색 납 안료'를 의미하는 라틴어 'cerussa'에서 유래되었다. 납 화합물이기 때문에 묵직한 중량감이 특징이다. 굴절률이 다이아몬드 정도로 높고, 다이아몬드처럼 브릴리언트 컷Brilliant Cut[다이아몬드 연마 방식의 하나]을 하면 아름다운 광택을 띠지만, 부드럽고 약하기 때문에 보석 장식품으로는 적합하지 않다.

세루사이트는 16~18세기에 걸쳐 피부를 하얗게 하는 분말 형태의 화장품 안료로 널리 사용되었다. '베네치아 백분'으로 높은 인기를 구가했으나 납 성분에 중독성이 있어 유해하다는 사실이 밝혀졌다. 부작용으로 눈이 붓거나 머리카락이 빠지기도 하며 심각한 경우에는 납 중독으로 목숨을 잃는 수도 있다.

3

화학명	탄산납
색	흰색, 청색, 녹색
원산지	호주, 모로코, 나미비아 등
용도	16~18세기의 화장품 안료, 백색 안료

024

PENTAGONITE

펜타고나이트
[펜타고나이트]

마린블루의 별 모양 결정을 지닌 돌

1973년에 미국 오리건주에서 최초로 발견된 바나듐을 주성분으로
하는 선명한 청색 돌로 백색의 모데나이트^{Mordenite}와 함께 발견되
는 경우가 많다. 쌍정(雙晶) 결정의 단면이 오각형 별모양을 하고
있어 '펜타고나이트'라는 이름이 붙었다.

   같은 화학성분을 가졌으나 다른 결정구조를 가진 카반사이트
^{Cavansite}와는 동질이상(同質異像) 관계이다. 모양은 카반사이트와
매우 흡사하여 일반인이 구분하기는 매우 어렵다. 현재 펜타고나
이트가 발견되는 지역은 미국과 인도밖에 없으며 인도산 펜타고
나이트가 결정이 크고 질이 좋은 것으로 알려져 있다.

3.5

화학명	바나듐실리콘산칼슘
색	청색
원산지	미국, 인도
용도	장식용 돌

펜타고나이트

025

CAVANSITE

카반사이트
[카반사이트]

별사탕을 닮은 돌

펜타고나이트와 함께 1973년 미국 오리건주에서 최초로 발견된 돌로 비교적 역사가 짧은 돌이다. 학명은 주성분인 칼슘, 바나듐, 규소Silicon의 머리글자에서 따왔다.

3.5

　현무암 내부와 비석(沸石)[급히 가열하면 끓는 것처럼 보여 '끓을 비' 자를 써 비석이라 한다. 나트륨, 알루미늄을 함유한 함수 규산염 광물]에서 발견되고, 희귀 원석이기 때문에 돌 수집가들에게 인기가 많다. 시중에는 주로 품질이 뛰어난 인도 푸네산 카반사이트가 유통되는데, 결정은 기둥 모양이나 꽃잎 모양, 판 모양 등 다양한 형태가 있다. 펜타고나이트와는 동일한 화학조성의 다른 결정구조를 가진 동질이상 관계이며 구분하기 힘들 정도로 모양이 비슷하다.

화학명	바나듐실리콘산칼슘
색	청색
원산지	미국, 인도
용도	장식용 돌

카반사이트

026

AMMOLITE

애몰라이트
[애몰라이트]

무지갯빛의 애몰라이트 화석

오징어나 앵무조개의 선조인 '애몰라이트'라는 연체동물의 화석
이다. 애몰라이트를 발견한 캐나다 원시 부족인 블랙푸트족이 물   3.5
소를 모는 효과가 있다고 믿어 수렵에 이용하던 풍습 때문에 '버펄
로 스톤'이라는 별명이 붙었다.

　국제귀금속보석연맹이 인정한 생물 기원 보석이다. 북아메리카
대륙 서부 캐나다 인근 로키산맥에서 채굴된 화석으로 껍질이 무
지갯빛을 띠는 유색 광물만을 애몰라이트라 부른다. 애몰라이트의
아름다운 빛깔은 껍질의 성분인 탄산칼슘이 얇은 층을 만들며 나
타난다. 녹색과 붉은색 돌이 가장 흔하고, 드물게 금색과 자주색이
발견된다.

화학명	탄산칼슘
색	스펙트럼 내의 모든 색
원산지	미국, 캐나다
용도	보석 장식품, 장식용 돌

027

MALACHITE

말라카이트
[공작석孔雀石]

클레오파트라의 아이섀도

황동석처럼 구리를 주성분으로 하는 광물이 이산화탄소와 반응하여 생성되는 이차광물이다. 줄무늬 모양이 공작새의 날개와 같이 아름답다고 하여 '공작석'이라는 이름이 붙었다. 공작석의 분말은 '암녹청(岩綠靑)'또는 '마운틴그린'이라 하는, 일본 회화에 빼놓을 수 없는 천연물감으로 쓰인다. 러시아 우랄산맥은 건축 재료로 사용할 수 있을 정도로 큰 말라카이트가 발견되는 산지로 유명하다.

3.5

고대 이집트에서는 눈병에 효과가 있다고 알려져 아이섀도로 이용되었다. 또 여러 나라에서 액운으로부터 재산을 보호하고, 임신 및 출산을 하는 여성을 보호해주는 힘이 있다고 믿었다.

화학명 수산화탄산구리

색 녹색

원산지 호주, 모로코, 콩고민주공화국 등

용도 유리 착색제, 벽화 및 회화의 안료, 유약

말라카이트

028

CHALCOPYRITE

칼코파이라이트

[황동석黃銅石]

신비한 은하수를 품은 돌

구리를 뜻하는 그리스어 칼코스^{Khalkos}와 파이라이트^{Pyrite, 황철석}의
합성어이다. 구리의 함유량이 많지 않지만, 구리가 많이 산출되는   3.5
지역에서 채굴되기 때문에 전 세계 구리의 약 80%가 황동석에서
만들어질 정도로 구리의 원료로서 가장 중요한 광석이다.

황동석은 이름에서 알 수 있듯이 원래는 녹슨 황색을 띠는 돌이
시간이 지나면서 산화되어 탁한 무지개색으로 변한 돌이다. 겉모
양은 황철석과 매우 흡사하여 구별하기 힘들지만, 황철석보다 황
동석이 더 진한 황색을 띤다. 고온부터 중온의 열수 광맥에서 발견
되고, 스페인의 리오 틴토^{Rio Tinto}강 유역에서는 고대 로마 시대부
터 채굴될 정도로 역사가 길다.

화학명	황산구리, 황산철
색	황동색
원산지	미국, 영국, 독일 등
용도	동상, 동전, 장식용 돌

칼
코
파
이
라
이
트

029

ARAGONITE

아라고나이트
[산석霰石·싸락돌]

작은 운석 폭발을 연상시키는 돌

탄산칼슘으로 이루어진 탄산염 광물로, 작은 결정이 싸락눈을 닮았다 하여 산석 혹은 싸락돌로 불린다. 사방정계나 육방정계, 종유석상 등 특이한 형태로 발견되는 경우가 많으며, 그림처럼 방사형으로 뻗은 육각기둥 모양 돌은 세 개의 결정 덩어리가 쌍정을 이룬다. 이러한 결정은 스페인의 아라곤 지방에서 발견되기 때문에 아라고나이트라는 이름이 붙었다.

3.5

해저에서 발견되는 산호는 산호충이 칼슘과 탄산을 합성하면서 생성된 아라고나이트이며, 마찬가지로 조개껍데기와 진주도 아라고나이트로 이루어져 있다. 종유굴 등지에서 발견되는 산호와 같은 형태를 띠는 아라고나이트는 '화상산석(花狀霰石)' 혹은 '산산호'라 불린다.

화학명	탄산칼슘
색	무색, 흰색, 회색, 황색, 녹색, 적색
원산지	중국, 이탈리아, 스페인 등
용도	장식용 돌, 조각

아라고나이트

030

ADAMITE

애더마이트
[아담석]

아름다움과 독을 함께 품은 형광 광물

애더마이트라는 명칭은 프랑스의 광물학자 질베르 조지프 아당 Gilbert-Joseph Adam의 이름에서 따왔다. 아연과 비소를 다량 함유한 광맥에서 발견되는 광물로 아연이 구리로 바뀌면서 황색과 황록색을 띠고, 자외선을 쬐면 황록색이 형광을 띤다. 아연이 코발트로 바뀌면 분홍색이나 자주색을 띠고, 구리로 바뀌면 녹색 계열의 색을 띠는데, 이 광물들은 자외선에 노출되어도 형광을 띠지 않는다.

자외선의 파장 영역이 한정되어 있기 때문에 형광을 띠는 조건을 정확히 예측하는 것은 불가능하다. 아름다운 외형과 달리 독성이 있고, 열에 약해 불에 닿으면 녹기 때문에 취급에 주의가 필요하다.

3.5

화학명 아연비소
색 황색, 녹색, 분홍색, 자주색
원산지 멕시코, 이탈리아, 칠레 등
용도 장식용 돌

031

INCAROSE

잉카로즈
[능망간석]

잉카제국에 잠든 장미

15~16세기 잉카제국 시대에 번영한 은 광산 유적이나 안데스산맥에서 발굴되는 경우가 많다. 돌 표면에 보이는 적색과 분홍색의 줄무늬가 장미 같다고 하여 '잉카로즈'라는 이름이 붙었다. 학명은 로도크로사이트Rhodochrosit로 그리스어로 '장미색'을 뜻한다.

3.5

투명도가 높고 체리를 닮은 붉은 빛깔의 결정은 미국 콜로라도주와 남아프리카에서 산출되는 상당히 고가의 광물이다. 또 일본에서는 홋카이도나 아오모리에서 산출되고, 연분홍색을 띠는 돌이 많다. 습기가 많은 곳이나 실외에 장시간 방치하면 표면이 검게 변색되기 때문에 취급에 주의해야 한다.

화학명	탄산망간
색	회색, 붉은색, 핑크색
원산지	미국, 루마니아, 남아프리카 등
용도	보석 장식품, 망간의 광석, 조각

032

SPHALERITE

스팰러라이트
[섬아연석閃亞鉛石]

희귀한 환상의 보석

명칭은 '거짓'이라는 뜻의 그리스어 'sphaleros'에서 유래되었다. 형태가 다양하다 보니 자원 광물인 방연석과 혼동하기 쉬워 이런 의미의 명칭이 붙은 것으로 보인다.

3.5

    일반적으로 철을 함유하고 있으며, 불순물이 전혀 함유되지 않은 무색 스팰러라이트는 매우 희귀하다. 다량의 철이 함유되면 새카맣고 불투명해지고, 미량의 철이 함유되면 투명한 노란색을 띠기 때문에 아연의 황화 광물인 '섬아연석'이라 불린다. 적갈색에 투명한 돌은 '홍아연석'이라 하는 보석으로 가공되는데, 결정의 질이 매우 부드러워 커팅이 어렵기 때문에 수집용으로만 유통된다. 아연의 주요 자원 광물로 운석이나 달 표면에서도 소량의 스팰러라이트가 발견된다.

화학명	황화아연
색	갈색, 황록색, 적색, 흑색
원산지	멕시코, 러시아, 호주 등
용도	아연의 원료, 금형 합금, 운석 및 달 표면

033

MIMETITE

미메타이트
[황연석 黃鉛石]

'모조'라 불리는 독을 품은 돌

녹연석 또는 파이로모파이트^{Pyromorphit}와 모양과 성질이 흡사하여 '모조·가짜'라는 의미를 지닌 그리스어 'minetes'에서 명칭이 유래되었다. 녹연석의 라우르산이 비소로 바뀌면서 황연석이 된다. 납 광산 상부의 산화 지대에서 생성된 이차광물로 납과 비소, 염소로 구성되어 있다.

3.5

선명한 황색이나 오렌지색, 황록색을 띠며, 정동 안에 입상의 집합체나 육각형 모양의 결정체, 침상, 포도상, 판 모양의 결정체 등으로 발견된다. 나폴레옹의 사후 모발에서 비소가 검출된 바 있는데, 나폴레옹 침실 벽으로 쓰인 녹색의 황연석에서 배출된 것으로 최근 밝혀졌다.

화학명	비산납
색	무색, 백색, 담황색, 주황색, 녹색
원산지	미국, 영국, 독일 등
용도	장식용 돌

미메타이트

034

CUPRITE

큐프라이트
[적동석赤銅石]

루비처럼 빛나는 희소한 돌

전체 중량의 약 85%가 구리로 이루어진 광물로 명칭은 '구리'를
의미하는 라틴어 'cuprum'에서 유래되었다. 산출지는 전 세계에
걸쳐 광범위하게 분포되어 있으며, 구리의 중요한 자원 광물이다.
적동색으로 광택을 내는 아름다운 돌은 '루비 쿠퍼'라는 이름의 보
석으로 유통되는데, 부드러워 관상용이 대부분이다.

3.5

   예전에는 나미비아 광산에서 1캐럿 이상의 보석을 만들 수 있
는 질 좋은 큐프라이트 원석이 채굴되었으나 현재는 고갈되었다.
소량의 원석은 볼리비아, 칠레, 호주에서 산출된다. 주로 괴상이나
박상(箔狀)으로 산출되며, 팔면체나 정육면체 결정 또는 얇은 침상
결정으로도 발견된다.

화학명 산화구리
색   적색, 암적색
원산지 호주, 볼리비아, 나미비아(고갈) 등
용도   구리 제품, 장식용 돌

큐
프
라
이
트

035

DOLOMITE

돌로마이트
[백운석白雲石]

아름다운 능면체 결정

최초로 발견한 프랑스의 광물학자 데오다 그라테 드 돌로미외 Déodat Gratet de Dolomieu의 이름에서 명칭이 유래되었다. 산화마그네 슘과 산화칼슘을 주성분으로 하며 모양이 다양하다. 자세하게 분류하면 산호와 조개껍데기 등 생물 기원의 석회 퇴적층에 포함된 칼슘이 바닷물에 함유된 마그네슘과 반응하여 이차적으로 생성된 것, 사문암이 활석으로 변할 때 생성된 것, 페그마타이트Pegmatite[석영, 장석, 운모 따위의 거친 입자의 결정으로 이루어진 화성암] 안에서 생성되는 것 등이 있다.

보통은 무색 또는 백색이지만 염화철을 함유하면 황색을 띠고, 산화철이나 망간을 함유하면 갈색이나 분홍빛 등 붉은빛을 띤다. 암석명과 광물명이 같기 때문에 암석명을 '돌로스톤Dolostone'이라 부른다.

|화학명| 탄산칼슘마그네슘
| 색 | 무색, 백색, 담황색, 연한 갈색, 회색, 분홍색
|원산지| 브라질, 스위스, 알제리 등
| 용도 | 우주선, 항공기, 자동차, 가전제품

4

036

SMITHSONITE

스미소나이트
[능아연석 菱亞鉛石]

피부염 치료제 '칼라민'으로 잘 알려진 돌

아연의 주요 자원 광물로 산출된다. 원래는 '칼라민Calamine'이라 불렸으나 미국의 스미스소니언박물관 창설자로 알려진 영국의 광물학자 제임스 스미스슨James Smithson에 의해 이극석Hemimorphite과 수아연석Hydrozincite을 포함한 세 개의 다른 광물이라는 사실이 밝혀졌다.

4

아연 광상 산화 지대의 이차광물로 원래는 무색 또는 흰색이지만 아연의 일부가 다른 금속으로 바뀌면서 분홍색코발트, 황색카드뮴, 청록색구리으로 색이 변한다. 청록색이 가장 아름다워 가치가 높다. 염산에 노출되면 강한 발포작용이 나타난다.

화학명	탄산아연
색	무색, 백색, 황색, 주황색, 녹색, 청색, 분홍색
원산지	호주, 나미비아, 잠비아 등
용도	보석 장식품, 피부염 치료제

037

MAGNESITE

마그네사이트
[능고토석菱苦土石]

화성의 운석에서도 발견되는 돌

방해석과 결정구조가 비슷한, 마그네슘을 주성분으로 하는 돌로 마그네슘의 자원 광물이다. 명칭은 그리스 해안 지역인 마그네시아Magnesia에서 유래되었다. 마그네슘의 쓴맛 때문에 일본에서는 '고토(苦土)'라고 한다. 색은 백색 또는 회색이 가장 많고, 미량의 철이 함유되면 다른 색을 띤다. 주로 입상의 집합체나 괴상, 섬유상 등으로 발견된다. 드물게 능면체나 기둥 모양으로 산출되기도 한다.

하얀 마그네사이트는 색을 칠해 터키석이나 라피스 라줄리의 대체품으로 사용된다. 1994년 남극 대륙 앨런힐스에서 발견된 12개 화성 운석 중 하나인 ALH84001과 화성의 표면에서도 마그네사이트가 검출되었다.

4

화학명	탄산마그네슘
색	백색, 밝은 회색, 담황색, 담갈색
원산지	호주, 브라질 등
용도	카메라, 컴퓨터, 핸드폰

마그네사이트

038

FLUORITE

플루라이트
[형석螢石]

불을 만나면 청색 빛을 내는 돌

플루라이트는 '녹는, 흐르는'을 뜻하는 라틴어 'fluo'에서 유래되었다. 칼슘과 불소 화합물로 구성되어 있으며 광물 중에서 색의 조합이 가장 풍부한 돌이다. 녹색, 자주색, 황색, 무색 또는 분홍색 등 색채 배합이 다채롭고 아름다운 돌이 인기가 많고 주로 보석 장식품으로 가공된다.

4

강한 열을 가하면 미세한 알갱이들이 청색 빛을 내며 튕겨 나가는데 그 모습이 마치 반딧불 같다 하여 한자어로는 '형석'이라 한다. 또 일부 형석에서는 자외선을 비추면 청색으로 빛나는 형광 현상이 관찰된다. 정육면체나 팔면체의 큰 결정이 많은데 드물게 십이면체 결정이 나타나기도 한다. 열에 닿으면 쪼개지는 성질이 있어 가열할 때 주의가 필요하다.

화학명 불화칼슘
색 무색, 주황색, 녹색, 청색, 자주색
원산지 미국, 캐나다, 멕시코 등
용도 카메라, 망원경 렌즈, 고대 이집트의 스카라베 조각

039

OKENITE

오케나이트
[오케나이트]

토끼가 떨어트린 부드러운 꼬리

그린란드 디스코섬에서 독일의 자연과학자 로렌츠 오켄Lorenz Oken
에 의해 발견되었다. 모양이 토끼의 꼬리와 비슷하여 일명 '래빗
테일Rabbit Tale'이라 불린다. 미세한 유리 섬유 결정이 방사형으로
뻗어 있고 촉감이 털과 같이 부드러우며 외부 충격에 잘 부서지므
로 취급에 주의해야 한다.

    오케나이트는 현무암 산지에서 어안석과 비석, 석영 등과 함께
산출되고 정동의 공간 안쪽에서 밀집된 형태로 발견된다. 주요 산
지는 인도 뭄바이다.

4

화학명	규산칼슘수화물
색	무색, 백색, 담황색, 청색
원산지	인도, 체코, 일본 등
용도	장식용 돌

오케나이트

040

APOPHYLITE

아포필라이트
[어안석魚眼石]

물고기의 눈처럼 반짝이는 돌

열을 가하면 수분이 증발하고 표면이 얇게 벗겨지면서 떨어지기 때문에 그리스어로 '분리되다'와 '잎'을 뜻하는 단어에서 아포필라이트라는 명칭이 유래되었다. 각도에 따라 물고기의 눈처럼 반짝반짝 빛난다고 하여 서양에서는 '피쉬 아이 스톤Fish Eye Stone'이라 부르기도 한다. 4.5 ·

어안석은 화산암 틈에서 발견되는 칼륨을 주성분으로 하는 플루오르 어안석과 수산 어안석, 그리고 일본 오카야마현에서 발견되는 나트륨을 주성분으로 하는 신종 소다 어안석 세 종류로 나뉜다. 주로 무색 또는 흰색이지만 불순물이 섞이면 연분홍이나 초록색을 띤다. 수분에 약하므로 취급에 주의해야 한다.

화학명	불화규산칼륨칼슘
색	무색, 황색, 녹색, 분홍색
원산지	인도, 브라질, 독일 등
용도	인도의 영적인 돌, 장식용 돌

041

VARISCITE

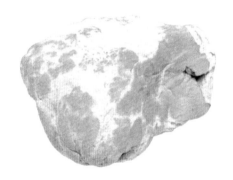

바리사이트
[바리시아석]

남쪽 바다를 연상시키는 초록색 돌

최초로 발견된 독일의 포이그트란드^{Voigtland} 지방의 옛이름인 '바리시아^{Variscia}'에서 따온 이름이다. 인산과 알루미늄을 주성분으로 하며, 철 등의 불순물이 섞이면 녹색을 띤다. 또 가열하면 철이 산화되면서 분홍색으로 변한다.

4.5

　　미국 네바다주에서 발견되는 바리사이트에는 검은색 줄무늬 모양이 들어가 있고, 겉모양이 녹색 터키석과 비슷하여 시중에서는 '바리시아석^{Variquoise}'이라는 이름으로 판매되고 있다. 작은 구멍이 많은 다공질이기 때문에 장식용으로 몸에 착용하면 땀에 의해 변색되는 경우가 있어 취급에 주의해야 한다.

화학명　인산알루미늄
색　담녹색, 애플그린
원산지　미국, 호주, 체코 등
용도　보석 장식품, 조각

042

LARIMAR

라리마
[소다규회석-硅灰石]

카리브해변에서 나오는 푸른 돌

최초로 발견된 장소는 카리브해 도미니카 공화국이다. 현지인들에게 '푸른 돌'이라 불리며, 주로 해변에서 발견되기 때문에 '바다에서 태어난 돌'로도 불린다. 정식 명칭은 '펙톨라이트Pectolite'로 푸른색 외에도 흰색과 연한 황갈색, 연한 청색, 녹색 등이 있다.

4.5

1974년에 도미니카 공화국 출신 주민 미겔 멘데즈Miguel Mendez가 전문기관에 조사를 의뢰해 인공석이 아닌 천연석임을 밝혀냈다. 보석의 원석인 청색 변종을 '라리마'라 명명하였다. 전 세계에 고루 분포되어 있으나 보석으로 사용할 수 있는 돌은 극히 드물다.

화학명	규산나트륨칼슘
색	무색, 백색, 청색
원산지	캐나다, 영국, 도미니카 등
용도	보석 장식품

라
리
마

043

HEMIMORPHITE

헤미모파이트
[이극석 異極石]

다른 두 개의 형태를 함께 가진 돌

'헤미모파이트'란 학명은 '절반'과 '형태'를 의미하는 영어에서 유래되었다. '이극석'이라는 한자어처럼 결정 축의 양쪽 형태가 서로 같지 않은 이극상을 나타낸다. 한쪽은 뾰족하고 다른 한쪽은 편평한 특이한 모양을 띠는 돌도 있다. 결정은 주로 주상 또는 부채꼴 모양의 집합체로 발견되지만 괴상이나 포도상 결정도 있어 겉모양으로는 판단하기 어렵다.

4.5

기초 지반을 구성하는 모암에서 자라나듯이 생성되는데 주로 무색과 흰색으로 발견되고 주성분인 아연의 일부가 구리로 변하면 담청색, 철로 변하면 담녹색을 띤다. 능아연석과 매우 흡사하여 육안으로 구분하기 어려우나 염산에 담그면 이극석에서만 발포현상이 관찰된다.

화학명	수화규산아연
색	무색, 백색, 황색, 녹색, 청색
원산지	미국, 멕시코, 중국 등
용도	장식용 돌

헤미모파이트

LUSTER

광택

광물의 가치를 좌우하는 광택

광택이란 광물 표면에 빛을 비추었을 때 빛의 반사로 나타나는 표면의 반짝임과 윤기, 질감을 말한다. 투명도와 빛의 굴절률, 표면에 반사되는 빛의 정도에 따라 '금속광택'과 '비금속광택'으로 나뉜다. 금속광택 광물은 결정면이 반사경 역할을 하여 광물 내부까지 빛을 투과시키지 않고 반사한다. 반면, 비금속광택 광물은 광택의 종류가 풍부하고 내부까지 빛이 투과되는 것이 많다. 또, 수지광택과 지방광택처럼 독특한 광택을 내는 광물도 다수 존재한다.

금속광택

금속과 비슷한 광택을 내며 빛을 강하게 반사한다. 빛이 투과되지 않기 때문에 광물 내부의 관찰이 어렵다.

예 파이라이트

   헤머타이트

유리광택

투명한 유리와 같은 광택으로 가장 흔히 관찰되는 형태이다. 장석이나 광석, 석영 등의 광물이 여기에 포함된다.

예 가넷

   사파이어

다이아몬드광택

투명 혹은 반투명한 광택으로 굴절률이 크기 때문에 강한 빛을 발산한다. 경도가 높은 광물은 보석으로 가공된다.

예 다이아몬드

   지르콘

수지광택

플라스틱 같은 부드러운 질감과 광택이 특징이다. 투명도가 다소 낮은 광물에서 주로 관찰된다.

예 설퍼

   오피먼트

지방광택

미립자가 응축되어 만들어진 광물이 대부분 여기에 속하며, 표면에 기름을 칠한 것 같은 광택이 관찰된다.

예 오팔

   소프스톤

견사광택

부드러운 섬유상의 빛이 나는 수지가 특징이다. 내부를 투과한 빛이 광물의 표면에 응집하며 견사와 비슷한 광택을 낸다.

예 타이거즈 아이

   울렉사이트

STREAK

조혼

광물 본연의 색을 구별하는 조흔

조혼이란 애벌로 구운 자기를 광물로 긁었을 때 생기는 분말 자국을 말한다. 자국의 빛깔이 긁은 광물의 종류에 따라 다른 점을 이용해 광물 본연의 색을 관찰할 수 있다. 광물은 표면색과 조혼색이 다르게 나타나는 경우가 있다. 예를 들어 겉으로 보라색, 청색, 녹색, 분홍색, 주황색 등 다양한 색을 띠는 형석의 조혼색은 흰색이다. 동양화에 쓰이는 분말의 그림물감도 광물을 갈아서 만든 천연 물감이며, 입자 크기에 따라 색의 농담을 조절할 수 있다.

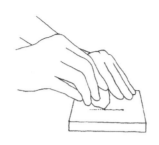

·

CRYSTAL

결정

자연이 만들어낸 조형미의 결정

광물의 결정은 자연이 만들어낸 예술 작품이다. 결정은 기하학적인 관점에서 볼 때 황홀경에 가깝다. 현미경으로만 볼 수 있는 미세 결정에서부터 육안으로 관찰할 수 있는 거대 결정까지 그 종류는 다양하다. 또한 결정구조에 따라서도 광물의 종류가 나뉜다. 다만, 같은 광물이라도 채굴 장소에 따라 결정의 형태가 다르게 나타나기도 하는데, 이는 온도와 압력, 공간의 크기 등의 환경 조건에 따라 성장 방식이 크게 달라지기 때문이다. 여기서는 대표적인 결정의 형태를 살펴보도록 하자.

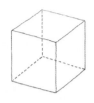

입방체
CUBE

사면체
TETRAHEDRON

육면체
HEXAHEDRON

십이면체
DODECAHEDRON

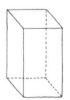

사각기둥형
QUADRATIC PRISM

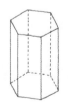

육각기둥형
HEXAGONAL PRISM

CLUSTER
군집

모이면 다른 얼굴을 보여주는 광물 군집

동일한 광물에서 나온 결정이 여러 개 모여서 생긴 광물 표본을 '군집' 혹은 '클러스터'라 한다. 결정은 환경 조건에 따라 성장 방식이 크게 달라지는데, 같은 장소에서 채굴한 광물이라도 똑같은 모양의 결정체가 관찰되지 않는다. 그러나 결정은 그 광물의 고유한 형태를 유지하며 형성되는 경우가 많기 때문에 광물의 종류를 구별하는 데 중요한 요소로 작용한다. 형태상의 미묘한 차이와 함께 아름다운 광물 군집의 모습을 살펴보자.

추상

끝이 뾰족하고 아래가 편평한 피라
미드 모양의 사각뿔과 삼각뿔, 육각
뿔 등의 형태가 있다. 두 개의 피라
미드형 결정이 모여서 형성된 광물
의 집합체를 '쌍뿔형'이라 한다.

SAPPHIRE

예	사파이어
	루비

침상

침처럼 끝이 좁고 뾰족한 결정이 한
데 모인 형태를 말한다. 긴 털 모양
처럼 보이는 오케나이트도 침상형
결정 모양을 가지고 있다.

PENTAGONITE

예	펜타고나이트
	오케나이트

방사상

침상형 결정이 중심부에서 방사 형
태로 퍼진 결정으로 꽃잎이 만개하
는 모습과 비슷하다.

GLENDONITE

예	글렌도나이트
	아라고나이트

포도상

PREHNITE

침상형 결정이 동그랗게 모여 포도
송이 같은 형상을 나타내는 결정이
다. 구상 결정의 대부분은 방사상으
로 형성된다.

예	프레나이트
	그레이프 칼세도니

수지상

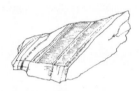

TIGER'S EYE

실처럼 얇은 수많은 침이 평행으로
밀집해서 생긴 결정이다. 합연사처
럼 광택이 있는 결정도 있다.

예	타이거즈 아이
	울렉사이트

신장상

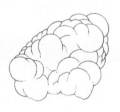

HEMATITE

사람의 콩팥처럼 둥그런 모양이 울
퉁불퉁 튀어나온 결정으로 둥근 부
분은 포도상 결정보다 크기가 크다.

예	헤머타이트
	말라카이트

정동

암석이나 광맥 따위의 속이 빈 구멍 안쪽에 결정을 이룬 광물이 밀집하여 생긴 것이다. 동굴과 비슷한 형태를 띤다.

AGATE

예　아게이트

주상

세로로 가늘고 길게 뻗은 기둥 모양의 결정이다. 아랫면의 형태에 따라 사각 주상, 육각 주상 등 다양한 형태가 있다.

HIDDENITE

예　히데나이트

　아콰마린

엽상(꽃모양)

얇은 판자 모양의 결정이 방사상으로 밀집되어 있는 결정으로 자연발생적으로 장미꽃 모양처럼 생성된 결정이다.

DESERTROSE

예　데저트 로즈

　마이카

044

LAPISLAZULI

라피스 라줄리
[청금석青金石]

마력이 깃든 고대 이집트인들의 수호석

'청색'을 의미하는 페르시아어와 '하늘'과 '허공'을 의미하는 아랍어에서 유래되었다. 산출지로는 아프가니스탄 북동부의 바다흐샨 샤르샤흐 지역이 유명하다. 푸른색과 그 안에 박힌 황철석의 금색 결정이 마치 신들이 사는 밤하늘과 닮았다 하여 고대인들은 라피스 라줄리를 몸에 지니면 '사악한 힘'으로부터 자신을 보호할 수 있다고 믿었다.

투탕카멘의 황금 마스크에 사용된 금색의 라피스 라줄리는 태양신 라^{Ra}를 상징하고, 청색의 라피스 라줄리는 죽은 자를 지하세계로 안내하는 매의 머리를 한 태양신을 상징한다. 또 지하세계에서 시련을 극복하고 천국으로 인도하는 힘을 가졌다 하여 미라에 라피스 라줄리로 만든 심장을 수호석으로 함께 묻었다고도 한다.

5

화학명	함산소유황알루미노규산칼슘나트륨
색	청색
원산지	미국, 칠레, 아프가니스탄 등
용도	투탕카멘의 황금 마스크, 미라의 심장, 제단 벽화

라피스 라줄리

045

SPHENE

스핀
[티탄석·설석楔石]

다이아몬드보다 빛나는 돌

결정이 쐐기 모양을 하고 있어 그리스어의 '쐐기sphenos'에서 명칭이 유래되었다. 화성암과 변성암 속에서 널리 분포하며, 세계 각지에서 산출된다. 반투명 또는 투명하지만, 미량의 철이나 망간을 함유할 경우 황색 또는 분홍색, 흑색, 적록색을 띤다.

빛의 분산과 굴절률이 높고, 오팔 컷을 한 돌은 다이아몬드보다 빛나기 때문에 투명도가 높은 스핀은 보석으로 가공된다. 스핀은 티탄을 다량 함유하고 있어 '티탄석'이라 불리며, 물감으로 쓰이는 이산화티탄의 자원 광물로 사용된다.

5

화학명	규산칼슘티탄
색	황색, 갈색, 녹색, 청색, 분홍색, 흑색
원산지	캐나다, 유럽, 마다가스카르 등
용도	보석 장식품

스핀

DIOPTASE

디옵테이즈
[취동석翠銅石]

에메랄드라 착각을 불러일으키는 돌

디옵테이즈라는 명칭은 결정의 투명도가 높아 '투과하다'라는 의미를 가진 그리스어에서 유래되었다. 1785년에 카자흐스탄에서 발견될 당시 사람들은 디옵테이즈를 에메랄드로 착각했다고 한다. 1797년에도 디옵테이즈를 에메랄드로 착각해 러시아의 파벨 1세에게 헌상되는 일도 있었다.

5

결정은 주상이나 괴상, 입상이 밀집된 형태로 발견되고, 방향에 따라 다른 색을 띠는 다색성이 특징이다. 단면이 충격에 매우 취약해 쪼개지기 쉽기 때문에 보석으로 가공하기 어려우나 모양이 아름다워 광물 표본으로 인기가 높다. 또 염산이나 초산에 담그면 용해되기 때문에 세척 시에 주의해야 한다.

화학명	수화규산구리
색	에메랄드그린, 청색
원산지	카자흐스탄, 이란, 나미비아 등
용도	보석 장식품

디옵테이즈

047

TIFFANY STONE

티파니 스톤
[베르트랑다이트]

티파니의 유리 작품에서 유래된 돌

미국 유타주 토머스 산맥 주변에서 채굴되는 희귀 광물로 보라색 형석이 오팔로 변할 때 하얀색 칼세도니^{Chalcedony}와 분홍색 로도나이트^{Rhodonite}가 섞이면서 생성된다. 보석회사 티파니의 아들이자 공예가인 루이스 컴퍼트 티파니$^{Louis\ Comfort\ Tiffany}$가 만드는 '스테인글라스'와 비슷한 겉모습 때문에 '티파니 스톤'이라는 별칭이 붙었다.

　도자기의 감촉과 비슷하고 보라색을 베이스로 흰색 또는 분홍색이 복잡하게 섞여 있어 마치 하나의 예술 작품을 보는 듯한 아름다운 조화가 돋보이는 돌이다.

5

화학명	수화산화규산
색	흰색, 청색, 보라색
원산지	미국
용도	보석 장식품

THOMSONITE

톰소나이트
[톰슨비석]

자두와 닮은 특이한 모양의 돌

톰소나이트는 최초로 톰소나이트의 화학분석을 실시한 영국인 과학자 토머스 톰슨Thomas Thomson의 이름에서 유래되었고, 1820년에 톰소나이트라는 공식 명칭을 얻게 되었다. 얇은 침상 결정이 방사상으로 모여 있는 원형 비석이 많으나, 아름다운 원형 모양의 돌은 매우 드물다. 그 외에도 방사상으로 뻗은 원형이나 판 모양 등의 형태가 있으며, 별칭이 21개에 달할 정도로 다양하기 때문에 감정이 매우 어려운 돌로 알려져 있다.

확대경이나 현미경으로 관찰하면 얇은 판 모양의 결정이 한데 모인 구조를 이루고 있으며 내부에는 원형의 표면에 아주 미세한 털 모양 결정이 집합된 형태도 있다. 주로 현무암이나 안산암에서 발견되고 산에 약하다.

5

화학명	수화알루미노규산칼슘나트륨
색	무색, 흰색, 주황색
원산지	러시아, 이탈리아, 스코틀랜드 등
용도	장식용 돌

049

APATITE

아파타이트
[인회석燐灰石]

뼈와 치아의 주성분이 되는 돌

아파타이트란 명칭은 '속이다'를 의미하는 그리스어 'apate'에서
유래되었다. 미량의 불순물이 섞이면 선명한 보라색 또는 분홍색,
청색, 녹색, 황색으로 변하면서 아콰마린이나 자수정 등 다른 광물
과 쉽게 혼동되는 특징 때문에 붙은 이름이다.

5

투명도가 높은 돌은 주로 보석으로 가공되지만, 결정이 부드러
워 흠집이 나기 쉽기 때문에 취급에 주의가 필요하다. 의료 분야에
서는 '아파타이트'라는 이름으로 통용되며, 동물 뼈의 주성분과 비
슷하여 인공 뼈나 틀니의 재료로 사용된다. 또 인의 주요 자원 광
물로 성냥의 원료로 쓰이기도 한다.

화학명	불화인산칼슘
색	무색, 백색, 황색, 갈색, 녹색, 청색, 보라색, 담홍색, 분홍색
원산지	브라질, 미얀마, 마다가스카르 등
용도	성냥, 인공 뼈, 틀니, 화학비료

050

CHAROITE

차로아이트
[차로아이트]

자연이 만들어낸 마블링을 담은 돌

러시아 연방 북동부에 위치한 사하공화국의 차라^{Chara}강 유역에서만 산출되는 돌이다. 보라색 마블 무늬를 가진 돌로 구소련 시기부터 조각용 석재나 꽃병 등에 사용되었다. 당시에는 각섬석(角閃石)[칼슘, 마그네슘, 알루미늄 따위를 함유한 광석. 단사정계에 속하며, 검은 녹색을 띤 기둥 모양의 결정체로 단면은 유리광택이 난다.]의 일종으로 알려졌으나 광물학자들에 의해 1978년에 새로운 광물로 인정되었다.

선명한 보라색을 띠는 망간의 섬유상 결정이 복잡하게 얽혀 있는 곳에 흰색의 카리 장석이나 오렌지빛의 티낵사이트^{Tinaksite}가 섞여 독특한 아름다운 모양과 견사광택이 나타난다. 내부에 방사성 물질이 들어 있기 때문에 구입할 때에는 검사를 마쳤는지 확인해야 한다.

5

화학명	수화불화규산염
색	보라색, 적보라색, 청보라색
원산지	러시아
용도	조각, 꽃병

차로아이트

051

OBSIDIAN

옵시디언
[흑요석黑曜石]

용암에서 태어난 화산 유리

용암이 결정을 이루자마자 급격하게 식으면서 굳어져 생긴 유리의 자연 산출물이다. 주로 담흑색을 띠지만 내부의 불순물이나 기포 등에 따라 무지개색으로 빛나거나 독특한 색을 보이기도 한다. 흑요석 내부에 흰색 방사상 결정 덩어리가 형성된 것은 흔히 '눈송이 흑요석Snowflake Obsidian'이라 불린다.

5.5

천연 화산 유리이기 때문에 쪼개면 표면이 날카로운 칼 모양을 하고 있어 귀한 광물로 여겨지며 여러 지역에서 사랑받았다. 석기 시대부터 메소포타미아 문명, 고대 이집트 문명, 아메리카 원주민 시대에 이르기까지 수렵용 창이나 단검, 물건을 자르는 도구로 널리 사용되었다.

화학명 산화규소
색 갈색, 적색, 흑색
원산지 이탈리아, 그리스, 스코틀랜드 등
용도 고대의 창, 단검, 칼

052

HEMATITE

헤머타이트
[적철석赤鐵石]

병사의 피로 만들어졌다고 전해지는 돌

명칭은 그리스어의 '피'를 뜻하는 단어 'haima'에서 유래되었다. 고대인들은 병사가 피를 흘린 곳에서 헤머타이트가 탄생한다고 믿었다. 신석기 시대 미라의 유골에 헤머타이트가 가루 형태로 뿌려져 있거나 중국에서 발견된 선사 시대의 두개골 주변에 헤머타이트가 흩뿌려져 있는 모습 등에서 고대 사람들이 헤머타이트에서 피를 연상했음을 추측할 수 있는 증거들이 속속 발견되고 있다.

5.5

형태와 색이 다양하지만 조흔은 반드시 붉은색을 띠는 특징이 있어 4만여 년 전에 그려진 벽화에서도 헤머타이트를 안료로 사용한 흔적이 발견되었다. 화성이 '붉은 행성'이라 불리는 것도 표면에 헤머타이트가 존재하기 때문이다.

화학명	산화철
색	회색, 은색, 갈색, 적색, 흑색
원산지	중국, 호주, 브라질 등
용도	붉은색 안료

헤
머
타
이
트

053

ENSTATITE

엔스터타이트
[완화휘석頑火輝石]

지구 형성기에 우주에서 날아온 운석

지구에 떨어지는 운석의 주성분인 구립운석(球粒隕石), 다른 말로 콘드라이트Chondrite의 10%가 엔스터타이트로 이뤄졌다. 그 때문에 태양계 성운에서 처음으로 생성된 규산염 광물 중 하나로 추정된다. 태양계의 시원(始原) 물질이자 중요한 조암광물(造巖鑛物) rock-forming minerals[암석을 이루는 주요 광물]로 투명도가 높고 색이 아름다운 것은 보석으로 가공된다.

5.5

엔스터타이트 중에서도 철분을 30% 이상 함유하고 빛을 쪼이면 흰색이나 분홍색의 아름다운 광택이 나타나는 진한 흑색 돌을 하이퍼스신Hypersthene, 자소휘석이라 부른다. 가장 인기가 많은 돌은 녹색을 띠는 크로마이트Chromite, 크롬철석이다. 캐나다에서는 오팔처럼 유색효과Play of Color를 내는 돌도 채굴되고 있다.

화학명	규산마그네슘
색	무색, 황색, 갈색, 녹색, 흑색
원산지	캐나다, 인도, 미얀마 등
용도	보석 장식품, 운석, 고온 화로의 내장재

엔스터타이트

054

SCAPOLITE

스카폴라이트
[주석柱石]

각도에 따라 색이 변하는 신비의 돌

칼슘을 주성분으로 하는 회주석과 나트륨을 주성분으로 하는 조주석으로 구성된 광물의 총칭이다. 주석 광물을 보석용으로 커팅한 돌은 모두 스카폴라이트라고 부른다. 연마한 보석은 강한 다색성을 띠는데, 각도에 따라 보라색 돌이 농담이 있는 청색으로 보이기도 하며 황색 돌이 맑은 황색이나 무색으로 보이기도 한다.

5.5

　위쪽을 볼록하고 아주 매끄럽게 다듬는 카보숑 커트Cabochon Cut 처리를 한 돌 중에는 고양이눈과 비슷한 백색 광선이 비치는 캐츠아이 효과Cat's Eye Effect를 내는 것도 있다. 캐나다 퀘벡에서 채굴된 주석은 장파 자외선을 쪼이면 강한 형광 노랑으로 빛난다.

화학명	염화알루미노규산나트륨
색	무색, 흰색, 회색, 황색, 주황색, 청색, 보라색, 분홍색
원산지	미국, 캐나다, 미얀마 등
용도	보석 장식품

055

NEPTUNITE

네프터나이트
[해왕석海王石]

바다의 신 넵투누스의 이름을 가진 돌

에지린Aegirine, 추휘석과 함께 그린란드에서 최초로 발견되었다. 에
지린이란 명칭이 스칸디나비아의 해신(海神) 에지르Aegir에서 유래   5.5
된 것처럼, 네프터나이트는 로마 신화에 등장하는 바다의 신 넵투
누스에서 이름을 따왔다.

  검은색 광택이 도는 진한 적색 결정을 가지며, 캘리포니아 샌배
니토카운티San Benito County에서 나는 아름다운 청색의 베니토아이
트Benitoite와 함께 산출되는 경우가 많다. 광석 내부에 함유된 철과
망간의 양에 따라 색이 달라지는데 철이 많을수록 흑색을 띠고, 망
간이 많을수록 적색을 띤다. 또 압력을 가하면 전기를 발생시키는
압전성(壓電性)이 있다.

화학명	티탄규산철리튬나트륨칼륨망간
색	암적색, 검은색, 담흑색
원산지	미국, 캐나다, 러시아 등
용도	보석 장식품

네
프
터
나
이
트

056

TURQUOISE

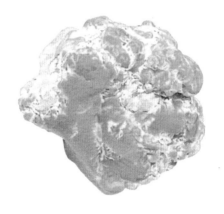

튀르쿠아즈
[터키석]

고대인들이 가장 사랑한 부적과도 같은 돌

주로 이란에서 나지만, 과거 페르시아에서 터키를 거쳐 유럽으로 전파되었기 때문에 프랑스어로 '터키'를 뜻하는 '튀르쿠아즈'라는 이름이 붙었다. 몸을 보호하는 수호석으로 사용되었으며 이집트, 메소포타미아, 아스테카 문명 등 고대 유적에서 터키석 조각이나 보석 장식품이 다수 발굴되었다.

5.5

   철을 함유하면 청색, 구리를 함유하면 녹색을 띤다. 다공질의 돌로 촉감이 부드러워서 왁스나 수지로 강화 처리를 하거나 터키석 분말에 색을 입혀 금형 가공한 형태로 유통된다. 보석용으로 채굴된 가장 오래된 광물로 '페르시안'이라 불리는 이란산 돌이 가장 품질이 좋은 것으로 알려져 있다.

[화학명] 수화인산알루미늄구리
[색] 녹색, 청색
[원산지] 미국, 중국, 이란 등
[용도] 보석 장식품, 호신용 돌, 조각, 성전 조각, 매장용 가면

튀르쿠아즈

057

OPAL

오팔
[단백석蛋白石]

무지개색으로 출렁이는 매혹적인 보석

오팔은 흰색과 검은색의 돌에 무지갯빛의 유색효과가 있는 프레셔스 오팔Precious Opal과 투명 혹은 반투명한 돌에 적색, 황색, 오렌지색 등의 바탕색을 가졌지만 유색효과는 없는 파이어 오팔Fire Opal 두 가지로 크게 나뉜다. 그중에서도 무색투명하고 선명한 색채를 내는 돌을 워터 오팔Water Opal이라 부른다.

5.5

유색효과는 균일하게 배열된 같은 크기의 실리카 입자(규소 산화물)가 빛에 반사되면서 나타나는 현상으로 특히 적색 계열의 유색오팔은 희소가치가 높다. 오팔에는 5~10%의 수분을 함유한 매우 작은 구멍이 있고, 열이나 건조에 약하고 변색이 쉬워 보관에 주의를 기울여야 한다.

화학명	수화산화규소
색	무색, 흰색, 황색, 주황색, 녹색, 청색, 검은색
원산지	미국, 멕시코, 온두라스 등
용도	보석 장식품, 규조토, 규화목

오
팔

058

LAZULITE

라줄라이트
[천람석天藍石]

천상을 닮은 진한 푸른색

라줄라이트의 명칭은 '천상'이라는 의미를 가진 아랍어에서 유래되었다. 라피스 라줄리의 주성분인 라주라이트^{Lazurite} 혹은 아주라이트^{Azurite,남동석}와 모양이 비슷하여 혼동하기 쉽다. 라줄라이트는 인산을 함유한 인산염 광물인 반면, 라피스 라줄리는 나트륨과 알루미늄 등을 함유한 규산염 광물로 둘의 성분이 다르다.

5.5

명칭대로 청보라색 또는 푸른빛이 감도는 흰색 돌로 하늘의 푸른빛을 닮았다. 돌에 함유된 철로 인해 푸른색을 띠며 철의 함유량이 많을수록 짙은 청색을 나타낸다. 시중에서 구하기 힘든 희귀 광물 중 하나이다.

화학명	수산화인산알루미늄마그네슘
색	청색, 청록색, 청보라색
원산지	호주, 스웨덴, 스위스 등
용도	비즈, 조각

라줄라이트

059

MOLDAVITE

몰다바이트
[몰다우석]

운석 충돌로 생긴 녹색의 천연 유리

체코의 몰다우강 연안에서 발견되어 몰다바이트라는 이름이 붙었다. 1,500만 년 전에 독일 바에른주 리스 근방에서 운석 충돌로 녹은 암석이 공기 중에서 순식간에 굳으면서 생긴 천연 유리다. 드물게 공중에서 흩뿌려진 상태 그대로 얇은 수지상으로 굳은 몰다바이트도 발견된다.

5.5

 몰다바이트는 암석인 텍타이트Tektite의 일종인데, 많은 대륙에서 발견되는 텍타이트에 비해 운석 충돌의 분화구에서 발견되는 돌만 몰다바이트라 한다. 크기는 1mm에서 수 mm에 달하는 것까지 다양하고 모스그린이나 황색이 감도는 녹색을 띤다.

화학명	알루미늄산화규소
색	황록색, 모스그린, 녹색
원산지	독일, 체코 등
용도	보석 장식품

몰다바이트

060

AMBLYGONITE

앰블리고나이트
[인반석燐磐石]

리튬을 담은 거대 결정

벽개Cleavage[광물이 일정한 방향으로만 틈이 생기고 평탄한 면을 보이며 쪼개지는 일]
의 각도가 90도보다 커서 '둔각'을 의미하는 그리스어 'amblygo-
niōs'에서 유래되었다. 리튬의 주요 자원 광물로 화성암인 페그마
타이트에서 하얀 반투명의 거대한 덩어리 형태로 발견되는 경우
가 많다. 기록에 남아 있는 가장 큰 앰블리고나이트는 암석 하나의
결정이 15㎤에 달한다.

5.5

드물게 투명한 황색이나 녹색을 띠는 돌이 발견되지만, 보석으
로 가공되는 품질 좋은 돌은 매우 희소해 희귀 광물로 분류된다.
아름답지만 마찰에 약해 액세서리로는 적합하지 않다. 보석으로
가공되는 앰블리고나이트는 브라질과 나미비아에서 채굴된다.

화학명	불화인산리튬알루미늄
색	흰색, 황색, 라일락색
원산지	미국, 브라질, 프랑스 등
용도	보석 장식품, 리튬 정제

061

SODALITE

소달라이트
[방소다석]

라피스 라줄리를 구성하는 청색 돌

그린란드에서 발견된 준장석[장석에서 규산을 제거한 것과 같은 화학조성을 가진 광물을 통틀어 이르는 말]의 일종으로 소다나트륨를 다량 함유하고 있어 소달라이트라는 이름이 붙었다. 라줄라이트천람석와 함께 라피스 라줄리를 구성하는 광물 중 하나이다. 라피스 라줄리와 비교해 색이 옅고 어두우며 값이 저렴하기 때문에 라피스 라줄리의 대용품으로 사용되기도 한다.

5.5

　　대부분의 소달라이트는 자외선 빛을 비추면 황색 또는 분홍색, 밝은 오렌지색의 형광을 띤다. 소달라이트 변종 원석인 핵크마나이트Hackmanite는 태양광의 자외선을 흡수하여 색을 변화시키는 테너브리선스Tenebrescence라는 특성을 가진 희귀 광물이다.

화학명	염화알루미노규산나트륨
색	흰색, 회색, 청색
원산지	러시아, 인도, 독일 등
용도	보석 장식품, 아르데코 시계

소달라이트

062

AFGHANITE

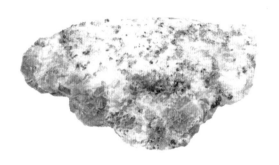

아프가나이트
[아프가나이트]

아프가니스탄에서 채굴되는 빛나는 돌

라피스 라줄리의 주요 산지인 아프가니스탄의 바다흐샨 광산이
원산지이다. 라줄라이트나 소달라이트와 같은 푸른색 계열 광물과
함께 발견되기 때문에 혼동하는 경우가 많다. 특정한 방향으로만
틈이 생기거나 깨지기 쉬워서 숙련공도 다루기 어려운 보석으로
알려져 있다.

5.5

    색은 라피스 라줄리의 주성분인 라주라이트를 함유하면 청색을
띠지만 대게 무색이나 흰색으로 발견된다. 또 자외선을 비추면 청
색을 제외한 부분이 오렌지색이나 분홍색 빛을 띤다. 보석 가공용
돌은 아프가니스탄산이 가장 많고, 고가에 거래된다.

화학명	알루미노규산칼슘칼륨나트륨
색	무색, 흰색, 청색, 녹색
원산지	캐나다, 이탈리아, 아프가니스탄 등
용도	보석 장식품

아
프
가
나
이
트

063

AMAZONITE

아마조나이트
[천하석 天河石]

《은하철도의 밤》의 작가 미야자와 겐지가 사랑한 돌

아마조나이트라는 보석명은 브라질을 흐르는 아마존강에서 유래되었다. 아마조나이트란 이름만으로 브라질의 아마존강과의 연관성을 생각할 테지만, 실제로는 아마존강이 아닌 산에서 채굴되는 돌이다. 아마존강에서 발견된 다른 돌과 혼동해 '아마조나이트'라는 이름을 붙여 판매하던 데에서 유래되었다. 20여 종이 넘는 장석광물 중 하나로 칼륨을 함유한 미사장석의 변종이다. 미량의 납이 함유되면 녹색에서 청록색으로 변한다.

충격에 약하고 급격한 온도 변화에 잘 깨지며, 열에 약해 고열에 노출되면 색이 사라지는 경우도 있기 때문에 가공할 때 주의가 필요하다. 보석으로 가공되는 돌은 브라질의 미나스제라이스주, 미국의 콜로라도주, 러시아 우랄산맥에서 발견된다.

6

화학명	아미노규산칼륨
색	흰색, 담황색, 녹색, 청록색
원산지	미국, 러시아, 브라질 등
용도	보석 장식품

아마조나이트

064

DIOPSIDE

다이옵사이드
[투휘석透輝石]

에메랄드에 필적하는 아름다운 진초록 돌

그리스어로 '투명'을 의미하는 단어에서 유래되었다. 화성암의 일종인 킴벌라이트Kimberlite 안에서 다이아몬드와 함께 발견되는 광물로 러시아가 주요 산지이다. 크롬을 함유하면 진한 녹색으로 변하기 때문에 '크롬 다이옵사이드' 또는 '러시안 에메랄드'로 불리기도 한다. 이탈리아와 미국에서 채굴되는 돌에서는 망간을 함유해 청보라색을 띠는 '바이오레인Violane'이라는 희귀 광물도 있다.

칼슘과 마그네슘을 주성분으로 하며, 실리카가 많은 석회암이나 돌로스톤, 철을 다량 함유한 변성암 안에서 주로 발견된다. 수지상 결정으로 카보숑 커팅 처리하면 캐츠아이 효과를 관찰할 수 있다.

6

화학명	규산칼슘마그네슘
색	흰색, 담녹색, 심녹색, 청보라색
원산지	미국, 미얀마, 이탈리아 등
용도	장식용 돌

다이옵사이드

065

RHODONITE

로도나이트
[장미휘석薔薇輝石]

고운 장밋빛 돌

선명한 붉은색 혹은 분홍색 돌로 명칭은 그리스어로 '장미'를 의미하는 'rhodos'에서 유래되었다. 세계 전역에서 광범위하게 산출되는 망간의 자원 광물로 아름다운 색을 가지고 있어 대부분 준보석이나 장식용으로 가공된다. 내구성이 높은 큰 덩어리는 조각용으로 인기가 많다.

6

　검은 산화망간으로 뒤덮인 돌, 내부에 검은색 줄무늬가 들어간 돌로 망간 광상에서 괴상이나 입상으로 발견되는 경우가 많다. 햇볕에 두면 검은색으로 변하기 때문에 보관에 주의가 필요하다.

화학명	규산망간
색	적색, 심홍색, 분홍색
원산지	캐나다, 브라질, 스웨덴 등
용도	보석 장식품, 조각

로도나이트

SUGILITE

수길라이트
[삼석杉石]

일본의 섬에서 발견된 돌

1944년에 일본의 에히메현 이와기섬 발굴조사 작업 중에 발견된 돌이다. 발견 당시에는 노란색 작은 결정으로 보석으로서의 가치가 없어 광물로 인정받지 못했다. 그로부터 약 30년 후 남아프리카의 망간 광산에서 진한 보라색 수길라이트가 발견되면서 국제광물학연합으로부터 새로운 광물로 공식 인정을 받았다.

6

수길라이트의 이름은 발견자 중 한 명인 일본의 암석학자 수기 켄이치Sugi Kenichi의 이름에서 따온 것으로 진한 보라색 돌이 가장 가치가 높다. 유통되는 돌의 대부분은 남아프리카에서 채굴된 진한 보라색인데 드물게 분홍색 돌도 산출된다.

화학명	리튬규산칼륨나트륨
색	황색, 갈색, 분홍색, 보라색
원산지	캐나다, 남아프리카, 일본 등
용도	보석 장식품

수길라이트

067

KYANITE

카이언나이트
[남정석藍晶石]

우주에서 바라본 지구를 닮은 푸른 돌

카이언나이트는 '진한 파란색'을 뜻하는 그리스어 'kyanos'에서
유래되었다. 또 남정석이라는 이름대로 청색이나 회청색을 띠며,
푸른색과 회색이 겹겹의 층을 이루며 섞여 있는 경우가 많다. 투명
도가 높은 상급의 돌은 커팅하면 미얀마산 사파이어와 비슷한 색
을 띤다.

결정은 얇고 긴 평평한 칼날 모양, 판상, 방사상 혹은 주상의 집
합체로 발견되며, 방향에 따라 굳기가 모스굳기계로 3 이상 차이
가 나는 경우도 있어 이경석(二硬石)이라고도 불린다. 가공이 어렵
기 때문에 보석 장식품으로는 적합하지 않으나 내부에 가볍고 경
도가 높은 티탄이 함유되어 있어 비행기 소재로 사용된다.

6

화학명	산화규산알루미늄
색	무색, 주황색, 녹색, 청색
원산지	미국, 브라질, 스위스 등
용도	비행기 기체 및 엔진 부품, 도자기

068

LABRADORITE

래브라도라이트
[조회장석曹灰長石]

열대지방 나비의 날개를 닮은 무지개색 돌

래브라도라이트는 캐나다 래브라도반도에서 발견되어 붙여진 명칭이다. 1770년에 최초로 발견되었다. 원래 청색, 암회색, 무색, 흰색이지만 빛을 비추면 표면이 무지개색으로 변하는 유색효과가 관찰된다. '레인보우 문스톤Rainbow Moonstone'이라는 이름으로 유통되는 돌은 사실 흰색의 래브라도라이트이다.

핀란드에서 나는 품질이 좋은 래브라도라이트는 스펙트로라이트Spectrolite라 불리며 인기가 높다. 그 밖에도 투명에 가까운 색 조합을 가지며, 인도 남부에서는 강한 유색효과를 내는 아름다운 결정이 발견되기도 한다. 크기는 수 mm에서 $1m$를 넘는 거대한 돌에 이르기까지 다양하다.

6

화학명	알루미노규산칼슘나트륨
색	흰색, 회색, 청색
원산지	러시아, 핀란드, 마다가스카르 등
용도	보석 장식품

069

SUNSTONE

선스톤
[일장석 日長石]

태양신을 상징하는 신성한 돌

결정 내 미량의 산화철 및 구리가 평행한 층을 이루며 그 틈을 따라 빛이 반사하여 반짝반짝 빛나는 박편 현상Aventurescence이 관찰되기 때문에 선스톤이라는 보석명이 붙었다. 붉은색 돌이 가장 일반적인데, 그리스어로 '태양의 돌'이라는 의미에서 '헬리오라이트Heliolite'라고도 불린다.

선스톤에 함유된 주요 광물은 회소다장석인 올리고클레이스Oligoclase로 그 밖에도 정장석(正長石), 다른 이름으로는 오서클레이서Orthoclase 등이 함유되어 있다. 내부에서 빛이 발산되기 때문에 태양신을 섬기던 고대 그리스에서는 태양신의 상징으로 선스톤을 숭배했고, 종교적인 의식 등에 사용했다.

6

화학명	알루미노규산칼슘나트륨
색	흰색, 회색, 황색, 주황색, 갈색
원산지	미국, 인도, 노르웨이 등
용도	보석 장식품, 고대 류머티즘 관절염 치료제

선스톤

070

PYRITE

파이라이트
[황철석黃鐵石]

'바보의 황금'이라 불리는 돌

두드리면 불꽃이 튀는 성질 때문에 '불'을 의미하는 그리스어 'py-ritēs'에서 명칭이 유래되었다. 겉보기에 금과 비슷해 '바보의 황금'이라 불리는 광물 중 하나다. 철과 황으로 구성된 황화 광물 중 가장 단단하고 결정화되기 쉬우며, 입방체나 오각십이면체, 드물게 정팔면체로 산출된다. 화산이 발달한 일본에서는 암석 내부에서 파이라이트가 발견되는 경우가 많다.

태양과 색이 비슷하여 귀한 돌로 여겨졌으며, 유사 이전에 만들어진 무덤에서 파이라이트 덩어리가 다수 발견되고 있다. 후대에 파이라이트를 연마한 결정을 얇은 판 모양으로 빈틈없이 나란히 붙여서 거울로 사용한 흔적이 발견되었다. 독특한 형태로 수집가들에게 인기가 많으나 유황을 함유하고 있어 피부가 약한 사람은 취급에 주의해야 한다.

6

화학명	황화철
색	연한 황색
원산지	미국, 스페인, 남아메리카 등
용도	보석 장식품, 고대 거울, 치륜총Wheel Lock

파이라이트

071

PREHNITE

프레나이트
[포도석葡萄石]

동글동글 사랑을 닮은 돌

칼슘과 알루미늄으로 구성된 광물이다. 프레나이트라는 학명은 최초 발견자인 네덜란드 광물학자이자 당시 남아프리카에서 식민지 총사령관을 지낸 헤드릭 폰 프렌Hendrik Von Prehn의 이름에서 따왔다. 포도 모양의 결정 때문에 일본 메이지 시대의 광물학자가 포도석이라는 이름을 붙였다.

6

아름다운 녹색은 알루미늄 일부가 철로 바뀌면서 나타나는 현상이다. 투명도가 높은 돌은 보석으로 가공되고 드물게 캐츠아이 효과를 보이는 결정도 있다. 화산암의 틈 내벽이나 화성암인 페그마타이트에서 주로 발견되고, 미세하거나 거친 입상, 구상, 종유석상 결정의 집합체로 산출된다.

화학명	수산화규산알루미늄칼슘
색	흰색, 황색, 적갈색, 녹색
원산지	캐나다, 독일, 포르투갈 등
용도	보석 장식품

072

ALBITE

앨바이트
[조장석曹長石]

지각 내부에 존재하는 흰 눈을 닮은 돌

지각 내부에 다수 존재하는 조암광물의 하나로 나트륨을 풍부하게 함유하고 있다. 드물게 유리처럼 투명도가 높은 결정으로 발견되는 경우도 있다. 희소가치가 높은 돌은 보석으로 가공되지만, 일반적인 보석에 비해 부드럽고 약하기 때문에 수집용으로는 잘 유통되지 않는다.

진주광택을 내는 하얀 눈을 닮은 돌로 전기석이나 수정, 토파즈 등의 광물의 모암으로 알려져 있다. 대부분 무색투명한 결정을 갖지만, 분홍색이나 녹색, 황색 결정의 돌이 발견되기도 한다.

6

화학명	알루미노규산나트륨
색	무색, 흰색, 황색, 녹색, 분홍색
원산지	캐나다, 브라질, 노르웨이 등
용도	광물 표본의 모암, 도자기

앨바이트

073

PETALITE

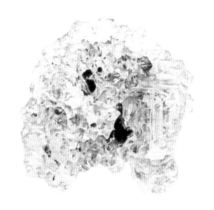

페탈라이트
[엽장석葉長石]

밤하늘을 수놓은 붉은 불꽃을 닮은 돌

나뭇잎처럼 얇은 층으로 이루어져 있으며, 한 방향으로 아름답게
쪼개지는 특성이 있기 때문에 '잎'을 의미하는 그리스어 'petalon' 6
에서 명칭이 유래되었다. 개별 결정은 드물고 대부분 작은 결정이
여러 개 모인 괴상으로 산출된다. 연구가 진행될 때까지 장석의 한
종류로 추정되었기 때문에 '엽장석'이라 불렸으나 후에 장석이 아
니라는 사실이 밝혀졌다.

리튬의 중요한 자원 광물로 리튬이 최초로 발견된 것도 페탈라
이트에서였다. 심홍색의 담색 반응을 나타내는 성질을 이용하여
주로 불꽃놀이에 사용된다. 약하고 쪼개지기 쉬운 성질을 가지고
있어 풍화 분해를 하면 백탁 현상을 보이며 더욱 쪼개지기 쉽기 때
문에 보관에 주의해야 한다.

화학명	규산알루미늄리튬
색	무색, 흰색, 회색, 녹색, 분홍색
원산지	브라질, 이탈리아, 스웨덴 등
용도	불꽃놀이, 리튬전지, 일본 요카이치 지방의 도기

074

MOONSTONE

문스톤
[월장석月長石]

달의 신비한 힘을 지닌 신성한 돌

장석의 변종으로 오서클레이스^{정장석}를 중심으로 앨바이트^{조장석}가 교차로 겹쳐져 얇은 층을 이루는 돌이다. 빛을 받으면 반사하여 무지개색 유색효과를 낸다. 이처럼 광물 내부 또는 표면에서 무지개와 같은 색이 나타나는 현상을 '이리데선스^{Iridescence}'라고 하는데, 그리스 신화의 무지개 여신인 이리스^{Iris}에서 명칭을 따왔다.

6

유백색이나 반투명한 돌이 많으나 갈색, 분홍색, 녹색, 황색을 띠는 돌도 있다. 중세 유럽에서는 문스톤을 '여행자의 돌'이라 하여 여행길을 지켜주는 수호석으로 여겼고, 고대 인도에서는 성스럽고 신비한 힘을 가진 돌이라 해서 성직자들이 몸에 지니고 다녔다. 또 아랍 여러 나라에서는 다산의 의미로 여성들이 월장석으로 장식한 옷을 입었다고 한다.

화학명	알루미노규산칼륨나트륨
색	무색, 흰색
원산지	인도, 스리랑카, 탄자니아 등
용도	보석 장식품

075

RUTILE

루틸
[금홍석金紅石]

천사의 머리카락을 닮은 청동색 돌

명칭은 '붉은, 핏빛의'란 의미를 가진 라틴어 'rutilus'에서 유래되었다. 티탄의 중요한 자원 광물로 철보다 가볍고 알루미늄보다 강하며 내열성 및 내부식성이 뛰어나 주로 의료용으로 이용된다. 순수한 결정은 무색이지만 다른 성분이 미량이라도 함유되면 적갈색 또는 적색, 흑색을 띤다.

6

　석영의 내부에 금홍색의 침상 모양 루틸이 함유된 루틸 쿼츠^{금침}수정는 보석 장식품으로 인기가 많다. 굴절률은 다이아몬드보다 높고, 침상 결정은 청동색으로 아름답게 빛나기 때문에 '천사의 머리카락' 또는 '비너스의 머리카락'이라 불린다.

화학명	산화티탄
색	적색, 금색
원산지	이탈리아, 프랑스, 스웨덴 등
용도	인공관절, 치과 임플란트, 항공기, 백색 안료

루틸

NAME

광물의 명칭

글자로 상상하는 즐거움

광물을 지칭하는 말에는 아름다운 의미가 담겨 있는 것들이 많다. 주로 특수한 환경에서 발견되는 광물은 일종의 신비로움을 간직한 미지의 영역으로 남아 있으며, 사람들로 하여금 경외심을 불러일으킨다. 광물을 빼닮은 자연의 아름다운 풍경과 동식물의 이름, 섬세하고 몽환적인 색에 이르기까지 광물의 이름에 담긴 의미를 알아가는 것만으로도 그 매력에 한 발 더 다가가게 될 것이다.

해포석
(海泡石, Sepiolite)

마그네슘으로 구성된 점토광물로 다공질에 무게가 가벼워 푸른 바다에 하얀 파도처럼 떠 있는 모습이 관찰된다. 독일어로 '바다 거품'을 뜻하는 '메어샤움Meerschaum'이란 이름으로 불리기도 한다.

은성석
(銀星石, Wavellite)

보헤미아 산지의 광물이다. 무색 투명한 바늘 모양 결정이 암석의 표면에 방사형으로 넓게 퍼져 불꽃놀이 화약이 하늘에서 터지는 모습과 닮았다 하여 '은성'이라는 이름이 붙었다.

산석
(霰石, Aragonite)

온천에 침전된 작은 결정이 싸락눈과 닮았다 하여 붙여진 이름이다. 산호와 조개껍데기, 진주 등의 성분이 되는 광물이다. 암석 안에서 발견되는 산호를 닮은 '산산호'도 여기에 해당한다.

포도석
(葡萄石, Prehnite)

둥근 과일 모양의 광물로 샤인 머스킷을 닮은 포도송이 결정을 생성한다고 하여 일본 광물학자에 의해 포도석이라는 이름이 붙었다.

천청석
(天青石, Celestine)

흐린 하늘빛을 닮은 짙은 회색부터 청색을 연상시키는 새파란 하늘색 결정까지 아름다운 하늘을 그대로 품은 듯 투명하고 반짝반짝 빛나는 결정을 가진 광물이다.

흑요석
(黑曜石, Obsidian)

자연 유리의 일종으로, 내부에 흰색 또는 회색의 방사상 결정인 크리스토발라이트Cristobalite가 형성되면 그 모양이 마치 눈송이 같아 흔히 '눈송이 흑요석'으로도 불린다.

천하석
(天河石, Amazonite)

아마조나이트 보석으로 잘 알려진 원석이다. 브라질 아마존강의 한 자 이름을 따 '천하'라는 이름이 붙었지만, 실제로는 강이 아닌 산에서 채굴되는 돌이다.

청금석
(青金石, Lapis Lazuli)

라피스 라줄리라고도 한다. 짙은 청색을 띠는 암석에 금을 닮은 황철광이 빛나는 모습이 아라비아 사막의 밤하늘과 닮았다 하여 붙여진 이름이다.

빙정석
(氷晶石, Cryolite)

18세기 그린란드 서부에서 최초로 발견된, 빙하를 닮은 무색투명한 광물이다. 발견 당시 '녹지 않는 빙하'라 불렸으며, 다른 지역에서는 거의 발견되지 않는다.

지르콘
(Zircon)

'금 같은zargun'이란 뜻의 페르시아어에서 유래했다. 18~19세기 유럽에서는 황금색 돌이라면 모두 '히아신스Hyacinth'라 불렀다. 오늘날에는 적갈색의 지르콘을 가리키는 용어로만 남아 있다.

온천화
(溫泉華, Sinter)

온천분출구 부근에서 발생하는 암석으로 규산질과 석회질 두 종류의 온천수 침전물이다. 온천화의 암벽으로는 터키의 카파도키아Cappadocia에 있는 로즈 밸리가 유명하다.

섬전암
(閃電岩, Fulgurite)

벼락이 지표면에 떨어졌을 때 석영 같은 광물질이 급속히 녹았다가 굳어지면서 만들어진 유리질의 돌이다. 식물의 관 모양 혹은 가지 모양과 닮았다.

앵석
(櫻石, Cerasite)

암석 단면에 분홍색의 벚꽃잎 모양이 비친다 하여 붙여진 이름이다. 이 모양은 아이올라이트^{근청석}의 결정이 변질될 때 운모가 틈새에 유입되면서 생긴다.

하석
(霞石, Nepheline)

염산과 같이 강한 산성 물질에 담그면 내부가 하얗게 변하여 마치 안개가 낀 듯이 보인다 하여 '하석'이라 불린다. 적외선을 받으면 분홍색, 금색, 청색, 녹색 등의 형광을 띤다.

호안석
(虎眼石, Tiger's Eye)

섬유상 집합체 안에 석영이 물들어 경화되어 암석 표면에 하얗고 아름다운 띠 모양의 빛이 생성된다. 이것이 마치 호랑이 눈처럼 보인다 하여 붙여진 이름이다.

석류석
(石榴石, Garnet)

암석의 결정이 색, 모양, 크기 면에서 석류의 빨갛고 탐스러운 열매와 닮았다고 하여 붙여진 이름이다. 보석명인 '가넷'도 '열매·씨'를 의미하는 라틴어 'granum'에서 유래되었다.

형석
(螢石, Fluorite)

극히 일부의 형석은 자외선을 가하면 형광을 띤다. 또 모든 형석은 강한 열을 가하면 푸른색으로 빛나는 성질을 가진다. 그 모습이 마치 반딧불 같아 '형석'이라는 이름이 붙었다.

어안석
(魚眼石, Apophylite)

각도에 따라 강한 진주광택이 있어 마치 물고기 눈을 닮았다 하여 붙여진 이름이다. 옛날 서구에서는 '피쉬 아이 스톤^{Fish Eye Stone}'이라 불렸다.

공작석

(孔雀石, Malachite)

돌의 표면에 나타나는 아름다운 줄무늬가 공작의 날개 모양과 닮았다 하여 붙여진 이름이다. 진한 녹색을 띠는 괴상 결정으로 흔히 발견된다.

월장석

(月長石, Moonstone)

달빛처럼 오묘하고 신비로운 빛 때문에 문스톤이라 불린다. 달의 여신을 상징하는 돌로서 고대 로마인들은 월장석을 달빛의 결정이라 믿었다.

일장석

(日長石, Sunstone)

미량의 산화철 및 구리가 평행선을 이루고, 붉은색으로 반짝반짝 빛을 내는 광학 현상이 관찰되는데, 이 모습이 마치 태양과도 같아 선스톤이라는 보석명이 붙었다.

성엽석

(星葉石, Astrophylite)

길게 뻗은 잎사귀 모양의 엽편상 결정이 방사상으로 모여 있는 모습이 별을 연상시킨다. 애스트로필라이트라는 학명은 '별'과 '잎'을 뜻하는 그리스어 'astron'과 'phyllon'에서 따왔다.

비취

(翡翠, Jade)

중국에서는 물가에 사는 '물총새'를 의미하는 단어였다. 보석 비취가 물총새의 초록빛 날개와 색깔과 닮았다 하여 유래된 이름이다.

질석

(蛭石, Vermiculite)

불에 닿으면 돌에 함유된 수분이 수증기로 변하면서 부피가 10배 이상 팽창한다. 그 모습이 거머리와 닮았다 하여 거머리 '질' 자를 써 질석이라 했다.

계관석
(鷄冠石, Realgar)

빛깔이 닭 볏처럼 불에 타는 듯 선명한 붉은색의 투명한 결정을 가진 돌이다. 빛과 습기에 약하고 변색되면 노란색의 웅황Orpiment으로 변한다.

사문석
(蛇紋石, Serpentine)

뱀의 피부처럼 얼룩무늬에 불투명한 암녹색을 띠기 때문에 사문석이라 불린다. 서펜틴이란 학명도 '뱀과 같은'을 뜻하는 라틴어 'serpentinus'에서 유래되었다.

근청석
(菫靑石, Iolite)

아이올라이트란 학명은 '제비꽃'을 뜻하는 그리스어에서 왔다. 보라색 빛을 띠는 청색이 제비꽃 색깔과 닮아 '근청석'이란 이름이 붙었다. 강한 다색성 때문에 각도에 따라 색이 변한다.

십자석
(十字石, Staurolite)

주상 결정이 쌍정을 이루고 90도로 교차하면서 십자가 모양을 만든다 하여 붙은 이름이다. 모암이 풍화되어도 십자가 모양은 남기 때문에 수호석으로 사용되었다.

부석
(斧石, Axinite)

결정이 도끼의 날카로운 칼날을 닮은 돌이다. 모암에서 무수하게 뻗은 결정은 얇고 단단하며, 끝이 칼날처럼 뾰족하다. 학명인 액시나이트도 그리스어의 '도끼'를 의미하는 단어에서 유래되었다.

스핀
(楔石, Sphene)

결정이 쐐기처럼 뾰족하다 해서 붙여진 이름이다. 결정은 1cm 정도의 크기로 크고, 평편한 편 모양에 가장자리는 칼처럼 날카롭다. 학명인 스핀도 '쐐기'를 뜻하는 그리스어에서 유래되었다.

국화석
(菊花石, Chrysanthemum Stone)

현무암처럼 어두운색 조합의 돌 중 흰색, 황색, 청색, 보라색 등 방사상의 모양이 들어간 돌로 마치 국화꽃이 활짝 핀 모양 같다 하여 붙여진 이름이다.

자연비소
(自然砒素, Native Arsenic)

자연비소의 침상 결정이 방사상으로 모여 원형을 이루는 돌로 작은 가시가 있다. 일본의 후쿠이현 아카타니 광산에서 산출된다.

모수석
(模樹石, Dendrite)

암석 틈에 이산화망간이 함유되어 있어 수지상 결정의 검은색을 띠고 식물 화석처럼 보이는 돌이다.

차골석
(車骨石, Bournonite)

차골이란 톱니바퀴를 의미한다. 납의 광물 결정이 규칙적으로 집합된 형태로 울퉁불퉁한 요철이 생성되고, 톱니바퀴 모양을 띠는 것에서 유래된 이름이다.

팬텀 수정
(Phantom)

주상의 결정 내부에 작은 결정이 원형으로 둘러싸고 있으며 끝이 산처럼 뾰족한 결정을 말한다. 한 번 생성된 수정이 다시 생성되면서 이러한 형태를 띤다.

텔레비전돌
(Ulexite)

돌을 문자나 그림 위에 올리면 돌 표면에 문자와 그림이 묻어난다. 이 현상이 브라운관에 비치는 영상을 연상시켜 일명 '텔레비전돌'이라 불린다.

태마노
(苔瑪瑙, Moss Agate)

녹색의 녹니석Chlorite 등을 함유하고 있어 마치 이끼가 낀 것처럼 보인다고 하여 붙여진 이름이다. 나무 모양을 한 돌도 있다.

녹니석
(綠泥石, Chlorite)

녹색의 미세한 결정을 가진 돌이라는 뜻으로 붙여진 이름이다. 황색, 갈색, 흰색 돌도 있다. 가든 쿼츠Garden Quartz와 태마노에 함유된 녹색 함유물도 녹니석이다.

토도로카이트
(Todorokite)

일본 홋카이도 요이치군에 있는 토도로 광산의 이름에서 따왔다. 흑갈색의 세밀한 수지상 결정으로 깃털 모양이 특징이다.

엽납석
(葉蠟石, Pyrophyllite)

비누처럼 매끌매끌한 감촉이 특징인 돌이다. 파이로필라이트란 이름은 열을 뜻하는 그리스어 'pyros'에서 유래되었다. '납석'은 엽납석의 주성분인 광물의 총칭이다.

담홍은석
(淡紅銀石, Proustite)

내부에 은을 함유한 투명한 심홍색 결정 때문에 붙여진 이름이다. 빛에 매우 민감하고 강한 빛을 쪼이면 불투명한 회색으로 변한다. '루비 실버'라 불리기도 한다.

장미휘석
(薔薇輝石, Rhodonite)

아름다운 장미빛을 닮은 붉은색과 분홍색의 유리광택 때문에 붙여진 이름이다. 영어 명칭인 로도나이트도 장미를 뜻하는 그리스어 'rhodos'에서 유래되었다.

076

TANZANITE

탄자나이트
[회렴석灰簾石]

티파니가 이름 붙인 돌

조이사이트^{회렴석}의 변종으로 1960년대에 탄자니아에서 최초로 발견되었다. 정식 광물 명칭은 '블루 조이사이트^{Blue Zoisite}'인데 '블루 수어사이드^{Blue Suicide}' 즉 '우울한 자살'이란 말로 들릴 수 있어서 보석상 티파니가 '탄자나이트'라고 이름을 바꿔 신종 보석으로 소개하면서 미국을 중심으로 큰 인기를 얻었다.

6.5

청보라색을 띠는 투명도가 높은 아름다운 돌로 결정이 각도에 따라 청색 또는 보라색, 회색 등으로 변한다. 탄자니아에서만 산출되는데, 20년 정도 채굴이 어려울 것으로 예상되면서 희소가치가 높다. 심홍색을 띠는 것은 툴라이트^{도렴석}라 하여 주로 장식석으로 쓰인다.

화학명	수산화규산알루미늄칼슘
색	흰색, 회색, 갈색, 녹색, 청색, 보라색, 분홍색
원산지	탄자니아
용도	보석 장식품

탄자나이트

077

CASSITERITE

카시터라이트
[석석錫石]

보존식품에 사용하는 통조림 캔의 원료

주석의 주요 자원 광물로 '주석'을 의미하는 그리스어 'kassiteros'
에서 명칭이 유래되었다. 검은색, 갈색을 띠며 광택이 없는데, 드물   6.5
게 투명한 붉은색을 띠는 갈색 결정이 발견되기도 한다.

    주석은 풍화에 강하고 중량이 무겁기 때문에 모암에서 떨어져
나온 돌이 하천 바닥이나 사막에 모여서 표사 광상을 형성하는 경
우가 많다. 부식에 강하고 독성이 없는 주석의 성질을 이용하여 철
에 주석을 도금한 통조림 캔이 제작되면서 식품을 오랫동안 보관
할 수 있게 되었고 이는 식품업계에 혁명을 가져왔다.

화학명	산화주석
색	갈색, 진한 갈색, 암갈색
원산지	이탈리아, 프랑스, 포르투갈 등
용도	통조림 캔, 청동의 원료

078

IDOCRASE

아이도크레이즈
[베수브석]

변종마다 제각기 다른 별칭을 가진 돌

이탈리아의 베수비오 화산에서 1795년에 발견되어 베수비아나
이트Vesuvianite라는 이름이 붙었다. 그중에서도 투명한 보석용 돌을   6.5
'아이도크레이즈'라 부른다. 대부분 녹색이나 담황록색 결정을 가
지고 있으나 청색이나 적색, 흑색 결정도 많이 발견된다.

  구리를 함유한 녹색을 띠는 청색 결정을 사이프린Cyprine이라 부
른다. 캐나다에서는 크롬을 함유한 자주색의 아름다운 베수비아나
이트 결정이 산출된다. 녹색 반투명 비취와 겉모습이 비슷한 캘리
포나이트Californite나 황색을 띤 녹색의 잔타이트Xanthite는 베수비아
나이트의 변종이다.

화학명	수산화규산알루미늄칼슘
색	황색, 갈색, 녹색, 청색, 보라색, 적색, 검은색
원산지	미국, 러시아, 이탈리아 등
용도	보석 장식품

아
이
도
크
레
이
즈

079

KORNERUPINE

코르네루핀
[코르네루핀]

다색성을 가진 희귀 원석

1884년에 그린란드에서 발견된 돌로 덴마크의 지질학자 안드레아스 니콜라우스 코르네루프Andreas Nikolaus Kornerup의 이름에서 명칭이 유래되었다. 최초로 발견된 지 30년이 지난 후에야 보석으로 가공할 수 있는 품질의 돌이 발견되었을 정도로 상급 품질의 돌은 매우 희귀하다. 마그네슘과 알루미늄의 규산염 광물로 불과 산에 강하다.

6.5

다양한 색을 가지고 있으나 에메랄드그린이나 청색을 띠는 돌이 가장 가치 있는 돌이다. 돔 형태로 카보숑 커팅하면 각도에 따라 색이 달려지는 다색성을 띤다. 또 캐츠아이 효과나 자외선에 형광을 띠는 돌도 발견되고 있다.

화학명	붕산규산알루미늄마그네슘
색	흰색, 녹색, 청색
원산지	캐나다, 스리랑카, 마다가스카르 등
용도	보석 장식품

코르네루프

080

THULITE

툴라이트
[도렴석桃簾石]

일본에서 '사쿠라라이트'로 불리는 돌

조이사이트 계열에 속한 돌로 학명은 주요 산지인 노르웨이의 고
대 지명 '툴레Thule'에서 유래되었다. 청색은 탄자나이트, 녹색은 루
비 조이사이트, 붉은색이나 분홍색은 툴라이트라 부르며, 툴라이
트는 망간을 함유하여 아름다운 복숭아색을 띤다.

6.5

조이사이트와 성분은 동일하지만 결정구조가 다른 광물동질이상
로는 '크리노조이사이트Clinozoisite'가 있으며, 툴라이트와 같이 망
간을 함유한 것은 '크리노툴라이트Clinothulite'라 불린다. 겉모양이
매우 흡사하여 시중에서 혼동하여 판매하는 경우가 많다.

화학명	수산화규산칼슘알루미늄
색	분홍색, 붉은색
원산지	노르웨이, 이탈리아 등
용도	보석 장식품, 조각

툴
라
이
트

081

CHRYSOPRASE

크리소프레이즈
[녹옥수綠玉髓]

밝은 녹황색을 띠는 고가의 보석

애플그린이나 심녹색을 띤 칼세도니를 보석명으로는 '크리소프레이즈'라 한다. 칼세도니는 원래 백색의 돌인데, 니켈을 함유하여 애플그린의 반투명한 돌이 되면 크리소프레이즈, 산화철을 함유하여 붉은색 또는 오렌지색의 반투명한 돌이 되면 카닐리언Carnelian, 홍옥수, 선명한 줄무늬가 있는 돌이 되면 아게이트Agate, 마노라 부른다.

6.5

　　그중에서도 녹색의 칼세도니는 산출량이 적어 고가에 거래되는 경우가 많다. 무색의 칼세도니를 착색해 크리소프레이즈로 판매되는 경우가 있기 때문에 구입할 때 주의해야 한다.

화학명	산화규소
색	녹색
원산지	미국, 호주, 러시아 등
용도	보석 장식품

크리소프레이즈

082

JADEITE

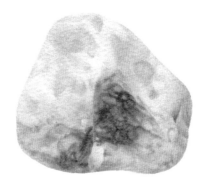

제이다이트
[비취휘석翡翠輝石]

고분에서 산출되는 동양의 보석

제이다이트는 짙은 푸른색의 윤이 나는 보석 '비취'를 말한다. 입상
결정이 섞인 괴상 결정의 돌로 원래는 흰색이었으나 철이나 크롬
이 섞이면 녹색으로 변하고, 티탄이 섞이면 청보라색이 된다. 그중
에서도 반투명으로 세밀한 돌은 '옥'이라 불리는데, 왕족 사이에서
는 최고급 품질의 옥인 경옥비취휘석을 지니는 것이 권력의 상징이
기도 했다.

6.5

  일본 조몬 시대 중기에 바다 지역인 호쿠리쿠도는 비취휘석의
채굴과 가공을 하던 나라로 돌을 가공한 곳으로서는 세계에서 가
장 오래된 지역이다. 고분에서도 홋카이도 지역에서 생산한 비취
제품이 다수 출토되었다. 홋카이도가 있던 니가타현의 이토가와는
지금도 비취 생산지로 잘 알려져 있다.

화학명 규산나트륨
색 흰색, 녹색, 청색, 라벤더, 분홍색
원산지 멕시코, 미얀마, 일본 등
용도 보석 장식품, 가면, 조각

제이다이트

083

KUNZITE

쿤자이트
[리티아휘석−輝石]

리튬전지의 원료로 사용되는 돌

리티아휘석은 건전지에 이용되는 리튬을 함유한 광석광물이다. 쿤자이트는 짙은 분홍색이나 연한 보라색을 띤 리티아휘석의 변종으로 망간을 함유하고 있다. 각도에 따라 색깔이 달라지는 강한 다색성을 지닌다. 1902년에 미국 캘리포니아주에서 발견되었으며 티파니사의 보석 감정사인 조지 프레더릭 쿤즈George Frederick Kunz의 이름에서 '쿤자이트'라는 보석명이 유래되었다. 주로 보석용으로 사용되며, 쿤자이트 외에도 황색의 투명한 트리페인Triphane과, 녹색의 히데나이트Hiddenite가 리타아휘석에 속한다.

　　보석으로 가공할 수 있는 고품질의 돌은 산출량이 적은 데다 쪼개지기 쉽고, 햇빛에 장시간 노출되면 색깔이 바래기 때문에 취급에 주의가 필요하다. 불투명한 색으로 산출되는 경우가 많고 리튬전지의 중요한 원료이다.

6.5

화학명　규산알루미늄리튬
색　연보라색, 분홍색
원산지　브라질, 아프가니스탄, 마다가스카르 등
용도　보석 장식품, 리튬전지

084

DIASPORE

다이어스포어
[다이어스포어]

빛에 따라 색이 변하는 신비의 돌

러시아 우랄산맥에서 발견되어 1801년에 처음 이름이 붙여졌다. 광물명인 다이어스포어는 '산란하다, 흩어지다'라는 뜻의 그리스 어 'diasperirein'에서 유래되었다. 강한 불에 가열하면 표면에 미세한 금과 함께 타닥타닥 소리를 내며 불꽃이 사방으로 정신없이 튀는 모습에서 그 어원을 유추해볼 수 있다.

6.5

다색성을 지니며 각도에 따라 청보라색에서 녹색, 적색으로 색이 다르게 보인다. 또 빛의 종류에 따라서도 색이 변하며 자연광에 노출되면 연한 녹색으로 바뀐다. 양초의 촛불에 닿으면 보라색이 감도는 분홍색을 띠고, 실내의 조명에서는 샴페인 색깔로 빛나는 신비한 성질을 지닌 돌이다. 세라믹의 원료이기도 하다.

화학명	수산화산화알루미늄
색	흰색, 황색, 녹색, 청색, 적색, 보라색, 분홍색, 연보라색
원산지	미국, 러시아, 터키 등
용도	보석 장식품, 보크사이트[Bauxite]의 주성분, 세라믹 원료

다이어스포어

085

AXINITE

액시나이트
[부석斧石]

날카로운 도끼의 날을 닮은 뾰족한 결정

학명은 '도끼'를 의미하는 그리스어 'axine'에 어원을 두고 있다. 이름처럼 결정이 도끼의 날카로운 칼날을 닮았다. 도끼날 모양의 결정뿐 아니라 괴상 및 맥상, 꽃잎 모양의 결정 집합체도 있으며, 압력을 가하거나 급속 가열 및 냉각을 하면 정전기를 띠는 성질이 있다.

6.5

　액시나이트는 네 개의 광물로 구성되어 있는데 돌 내부에 함유된 성분에 따라 철질 액시나이트Ferro-axinite, 마그네슘질 액시나이트Magnesio-axinite, 망간질 액시나이트Mangan-axinite, 그리고 철질과 마그네슘질이 섞인 틴제나이트Tinzenite로 나뉜다. 가장 일반적인 형태는 철질 액시나이트로 액시나이트 중 가장 많다.

화학명 봉산규산칼슘·철·알루미늄
색 회색, 진한 노란색, 진한 갈색, 청회색
원산지 미국, 호주, 러시아 등
용도 장식용 돌

086

HIDDENITE

히데나이트
[리티아휘석-輝石]

밝은 에메랄드빛 녹색을 지닌 돌

발명가 토머스 에디슨의 의뢰로 미국 노스캐롤라이나주에 있는
백금 광맥을 조사하던 미국의 광물학자 윌리엄 히든^{William E. Hidden}
의 이름에서 유래된 명칭이다. 에메랄드와 함께 발견되는 경우가
많아 '리튬 에메랄드'로 불리기도 한다.

6.5

리튬의 자원 광물인 리타아휘석^{스포듀민, Spodumen} 내부에 크롬이
함유되면서 생성되는 녹색을 띠는 변종으로 매우 희귀한 돌이다.
같은 리타이휘석이라도 연한 분홍색 돌은 '쿤자이트'라는 보석명
으로 불린다. 강한 다색성을 지니며 햇빛에 노출되면 색이 변하므
로 취급에 주의해야 한다.

화학명	규산알루미늄리튬
색	녹색, 청록색, 황록색
원산지	미국, 중국, 브라질 등
용도	보석 장식품

히
데
나
이
트

087

EPIDOTE

에피도트
[녹렴석綠簾石]

피스타치오를 닮은 녹색 돌

주상 또는 판 모양의 결정을 이루며, 한쪽 면이 다른 쪽 면보다 폭
이 넓어 그리스어로 '증가하다'라는 뜻의 'epidosis'에서 에피도트   6.5
라는 명칭이 유래되었다. 어두운 황록색의 결정으로 창문에 치는
'발'의 모양을 닮아 한자로 '녹렴석'이라 부르며, 10여 종에 이르는
에피도트 광물 그룹 전체를 통칭하는 이름으로도 사용된다.

　철의 함유량이 많을수록 색깔은 진해지고, 투명한 돌은 다광성
을 띤다. 유리광택 또는 지방광택이 난다. 브라질에서 발견되는 에
피도트의 경우 결정이 투명하면서 진한 녹색을 띠는데, 이들 중 커
팅이 잘된 것들은 장식석으로 이용되기도 한다.

화학명	수산화규산알루미늄칼슘철
색	황록색, 암녹색
원산지	미얀마, 프랑스, 노르웨이 등
용도	보석 장식품

088

TIGER'S EYE

타이거즈 아이
[호안석虎眼石]

날카롭게 빛나는 호랑이의 눈을 닮은 돌

200여 종의 각섬석군 안에서도 보석으로 분류되는 호안석은 석면의 일종인 '크로시도라이트Crocidolite'의 섬유상 집합체에 석영이 섞여서 굳어진 돌이다. 둥근 돔 모양으로 커팅하면 돌 표면에 하얗고 아름다운 빛을 내는 띠가 관찰된다. 이는 내부에서 반사된 빛이 돌 표면에 모이면서 나타나는 현상으로, 빛을 받으면 색깔이 미묘하게 변한다는 점에서 캐츠아이와 비슷한 성질을 갖고 있다.

7

겉모양이 비슷한 회청색 돌은 '매의 눈'이라는 의미의 호크스아이Hawk's Eye, 응안석라 불리는데 산출량이 적다. 응안석이 산화되어 갈색으로 변하면 호안석이 된다.

화학명	수산화규산알루미늄칼슘철
색	황록색, 암녹색
원산지	미얀마, 프랑스, 노르웨이 등
용도	보석 장식품

타이거즈아이

089

UVAROVITE

우바로바이트
[회크롬석류석–石榴石]

이끼가 낀 것처럼 보이는 녹색 돌

크롬과 칼슘을 주성분으로 하는 석류석군에 속하는 돌로 1932년 러시아 우랄산맥에서 최초로 발견되었다. 학명은 당시 러시아 문부대신이자 광물 수집가였던 우바로브Sergei Semenovitch Uvarov의 이름에서 따왔다.

보통은 크롬석 안에서 발견되며, 얇은 막 모양으로 모암에 붙어 있어 마치 이끼처럼 보이기도 하나 드물게 크기 3mm 정도의 십이면체나 이십사면체 형태를 띤 진한 녹색의 아름다운 결정으로 산출되기도 한다. 우랄산맥에서 발견되는 우바로바이트는 에메랄드 빛의 작은 결정이 모암에 달라붙어 있는 모양이 아름다워 광물 표본으로 인기가 많다.

화학명	규산크롬칼슘
색	녹색
원산지	미국, 러시아, 남아프리카 등
용도	장식용 돌

090

ANDRADITE

안드라다이트
[회철석류석灰鐵石榴石]

다채로운 석류석군에 속하는 보석

학명은 포르투갈로부터 브라질의 독립을 위해 앞장섰던 브라질의 정치가이자 이 광물을 연구한 광물학자였던 보니파시우 지 안드라다Bonifácio de Andrada의 이름을 기념해 명명했다. 칼슘과 철로 구성된 석류석군에 속하는 돌로 철을 다량 함유한 규산염 광물 스카른Skarn과 사문암에서 산출된다. 결정형은 사방십이면체가 많다.

보통 갈색이나 암녹색을 띠지만 그 밖에도 다양한 색깔의 돌이 발견된다. 노란색의 투명한 돌은 토파졸라이트Topazolite, 검은색은 멜라나이트Melanite, 녹색은 데만토이드Demantoide 등 저마다 다른 명칭으로 불린다. 가장 인기가 많은 돌은 데만토이드로 이탈리아 북부가 산지로 유명하다. 석면 내부에서 안드라다이트의 둥근 공 모양 결정 집합체가 산출되는 지역도 있다.

7

화학명	칼슘·규산 철
색	노란색, 황갈색, 회녹색, 녹색, 적갈색, 검은색
원산지	러시아, 독일, 이탈리아 등
용도	보석 장식품

안드라다이트

091

ANDALUSITE

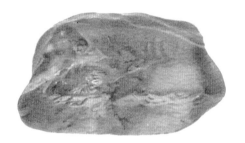

안달루사이트
[홍주석紅柱石]

카멜레온을 닮은 빛의 마술사

최초로 발견된 스페인 안달루시아 지명에서 명칭이 유래되었다. 원래는 무색의 돌이지만 철을 소량 함유하면 연한 붉은색을 띤다. 각도에 따라 갈색, 붉은색, 노란색으로 색이 다양하게 변하기 때문에 '다색성의 왕'이라 불린다. 접촉변성암 또는 화강암의 일종인 페그마타이트 안에서 채굴되기 때문에 화산이 풍부한 일본에서 많이 산출되지만, 그중 보석으로 가공할 수 있는 품질의 돌은 희소하다.

7

실리머나이트ᴿ규선석나 카이언나이트ᴺ남정석와 성분이 동일한 동질이상 관계로 안달루사이트의 경우 압력과 온도가 낮은 환경에서 생성된다. 안달루사이트는 세라믹의 원료로 이용된다.

화학명	규산알루미늄
색	흰색, 회색, 노란색, 갈색, 녹색, 청색, 보라색, 분홍색
원산지	호주, 러시아, 벨기에 등
용도	보석 장식품, 세라믹의 원료

092

SILLIMANITE

실리머나이트
[규선석硅線石]

도자기에 사용될 정도로 열에 강한 돌

가느다란 기둥이나 침상, 섬유 모양으로 변성암 속에서 발견되는 경우가 많다. 그중에서도 실리머나이트가 흔이 보이는 침상이나 섬유상 결정형 때문에 섬유Fiber를 뜻하는 '파이브로라이트Fibrolite'라는 이름으로 흔히 유통되기도 한다. 커팅된 돌은 강한 다색성을 띠며, 각도에 따라 노란색을 띠는 녹색이나 짙은 녹색, 청색 등 다양한 색이 발견되고, 그중에서도 청색과 보라색이 가장 가치 있는 것으로 알려져 있다.

안달루사이트나 카이언나이트와는 성분이 동일한 동질이상의 관계로 실리머나이트의 경우 800℃ 이상의 고온과 높은 압력에서 생성된다. 고온, 고압에 강한 성질 때문에 내화재 등 가마솥의 원료로 사용된다.

화학명	산화규산알루미늄
색	무색, 황색, 녹색, 청색, 보라색
원산지	인도, 미얀마, 체코 등
용도	보석 장식품, 가마솥 원료, 특수자기

093

PYROPE

파이로프
[홍석류석紅石榴石]

빅토리아 여왕이 사랑한 보석

마그네슘과 알루미늄을 함유한 석류석군의 일종으로 그리스어로 '불과 같다'는 의미를 지닌 'puropus'에서 명칭이 유래되었다. 철을 함유한 붉은색 석류석에는 알만딘Almandine, 우바로바이트 등 총 여섯 종류가 있다.

7

또 파이로프는 19세기 당시 산지였던 체코 보헤미아 지방의 이름을 따와 '보헤미아 가넷'이라 불리기도 한다. 영국의 빅토리아 여왕이 둥근 돔 형태로 빛나는 파이로프를 좋아해 애용했기 때문에 당시 유럽에서는 파이로프가 많은 인기를 구가했으며, 파이로프의 모조품을 제작하기 위해 발달한 기술이 바로 지금의 '보헤미아 유리 커팅술'이다.

화학명	마그네슘·규산알루미늄
색	황색, 주황색, 갈색, 녹색, 보라색, 붉은색, 분홍색, 검은색
원산지	미국, 캐나다, 멕시코 등
용도	보석 장식품, 연마제

094

DANBURITE

댄버라이트
[댄버라이트]

다이아몬드를 대신하는 돌

1839년 미국의 광물학자 찰스 어팜 셰퍼드Charles Upham Shepard에
의해 처음 발견되었다. 광물명은 최초 발견지인 미국 코네티컷주
댄버리Danbury의 지명을 따서 '댄버라이트'로 불리게 되었다. 유리
와 같은 주상 결정을 가지고 있으며 끝이 뾰족하게 솟은 모습이 토
파즈와 흡사하나 특정 방향으로 갈라지는 벽개 현상이 없기 때문
에 구별이 가능하다.

　일반적으로 무색의 돌이 많으나 호박색, 분홍색, 노란색 또는 노
란빛이 감도는 갈색 등 다양한 색이 있다. 굴절률이 높고 돌을 자
른 단면에 빛을 비추면 다이아몬드처럼 반짝반짝 빛나기 때문에
예전에는 다이아몬드의 모조품으로 사용되었다. 러시아 달네고르
스크Dalnegorsk 지방에서는 30㎝를 넘는 긴 결정이 발견된다.

화학명	붕산규산칼슘
색	무색, 노란색, 갈색, 분홍색
원산지	러시아, 미얀마, 스위스 등
용도	보석 장식품, 내화 유리

댄버라이트

095

IOLITE

아이올라이트
[근청석菫青石]

물속에서 발견되는 짙은 보라색 돌

제비꽃과 색이 비슷해 '제비꽃'을 의미하는 그리스어에서 유래되었다. 아이올라이트의 보석 이름인 근청석은 강한 다색성을 지니며 각도에 따라 짙은 청색이나 노란색이 감도는 회색, 무색 등으로 변한다. 햇빛에 비추면 태양의 방향에 따라 색이 변하는 아이올라이트의 특징을 이용해 해적들이 바다를 항해할 때 나침반으로 사용하였다.

아이올라이트는 물속 자갈에서 발견되는 경우가 많아 '워터 사파이어Water-Sapphire'라는 별명을 가지고 있다. 육각주상의 근청석 결정이 분해되어 꽃모양의 결정을 가진 백운모로 변한 것이 세라사이트앵석이다.

화학명	마그네슘·규산알루미늄
색	무색, 황회색, 청색
원산지	캐나다, 인도, 스리랑카 등
용도	보석 장식품

아
이
올
라
이
트

096

ALMANDINE

알만딘
[철반석류석鐵礬石榴石]

'일족의 피의 결속'을 의미하는 왕족의 문장

철과 알루미늄을 주성분으로 하는 석류석을 대표하는 돌이다. 원산지인 소아시아의 알만다Almanda의 이름을 따서 명명되었다. 짙은 붉은색 또는 적색을 띠며 예로부터 공예품을 장식하는 기법의 하나인 상감(象嵌)에 사용되었다. 파이로프홍석류석와 알만딘의 중간 성질을 가진 것, 스페사르틴망간석류석과 비슷한 것 등 여러 석류석군의 돌이 섞여 있는 상태로 채굴된다.

중세 유럽에서는 '일족의 피의 결속'을 상징하였으며 고품질의 투명한 돌은 연마하여 보석으로 가공되었다. 지금은 합성물질로 대체되었으나 예전에는 연마제로도 널리 사용되었다.

7

화학명	철·규산알루미늄
색	적색, 심홍색, 암적색
원산지	미국, 호주 등
용도	보석 장식품, 사포의 연마제, 상감, 왕족의 문장

알
만
딘

097

AMETHYST

애미시스트
[자수정紫水晶]

사제의 옷에 사용되는 고귀한 보라색

미량의 철 이온이 섞이고 자연 방사선의 영향을 받아 결정구조의 균형이 깨지면서 탄생한 보라색 돌이다. 투명한 보라색이 진할수록 가치가 있다. 그리스 신화에서는 술의 신 디오니소스가 만든 돌로 알려져 있으며 '취하지 않는다'는 의미의 그리스어 'amethystos'에서 명칭이 유래되었다. 옛날에는 애미시스트 분말이 숙취 해소제로 사용되기도 했다.

7

예로부터 보라색은 고귀한 색으로 여겨져 고대 이집트에서는 애미시스트를 보석 장식품이나 인장에 사용했다. 또 종교적인 의미가 강한 돌이기 때문에 가톨릭 사제가 정복을 입을 때 끼는 주교 반지나 유대교 대사제의 의복에 사용되었다.

화학명	산화규소
색	보라색
원산지	브라질, 스페인, 스코틀랜드 등
용도	보석 장식품, 성직자의 반지 및 의복의 가슴 문양

애미시스트

098

AMETRINE

애머트린
[자황수정紫黃水晶]

보라색과 노란색의 아름다운 그러데이션

애미시스트^{자수정}와 시트린^{황수정}이 바림^{gradation}을 만들며 복잡하게
섞여 아름다운 색 조합을 내는 보석으로 두 개의 보석 명칭을 합쳐
'애머트린'이라 부른다. 시트린은 애미시스트와 동일한 산지에서
주로 발견되는 토파즈와 같은 노란색을 띠는 쿼츠로, 명칭은 '감
귤'을 의미하는 '시트러스^{Citrus}'에서 유래되었다.

애미시스트와 마찬가지로 돌 내부에 미량의 철 이온이 함유되
면 노란색을 띠는데, 천연 시트린은 매우 희소하다. 시중에 유통되
는 대부분의 돌은 애미시스트를 가열하여 인공적으로 노랗게 만
든 가공석이다.

화학명	산화규소
색	노란색, 보라색
원산지	캐나다, 브라질, 볼리비아 등
용도	보석 장식품

애
머
트
린

099

STAUROLITE

스토롤라이트
[십자석十字石]

그리스도인의 수호석

명칭은 그리스어로 '십자가'를 의미하는 '스타우로스Stauros'에서
유래되었다. 주상의 결정이 쌍정으로 형성되면서 90도로 교차하
는 십자가 모양을 만든다. 결정은 십자가 모양 외에도 60도로 교차
하는 X자형이 있다. 모암이 풍화되어 사라지면 십자가 부분만 남
기 때문에 그리스도인들은 스토롤라이트를 신성한 돌로 여겼다.

    중세 시대 십자군 병사들은 스토롤라이트를 수호석으로 몸에
지니고 전장으로 떠났다. 액세서리나 수호석 용도로 그리스도인들
에게 사랑받은 돌이지만 시중에 플라스틱이나 점토로 만든 모조
품이 많이 유통되기 때문에 구입 전에 진품 여부를 확인하는 것이
좋다.

7

화학명	알루미노규산알루미늄·철·마그네슘·아연
색	보라색
원산지	미국, 브라질, 프랑스 등
용도	보석 장식품, 수호석

스토롤라이트

100

PERIDOT

페리도트
[감람석橄欖石]

이브닝 에메랄드라 불리는 돌

지구상에서 가장 풍부한 감람석에 소량의 철이 섞이면 올리브그린색을 띠는 페리도트가 생성된다. 페리도트는 역사가 가장 오래된 보석 가운데 하나로, 고대 기록에 따르면 기원전 1500년 전부터 고대 지중해 문명에서는 홍해의 작은 섬인 자바르가드섬^{현 세인트존스섬}에서 다량의 페리도트를 채광했다. 밤에 달빛이나 조명 아래에서 보면 에메랄드와 같은 녹색이 선명해지기 때문에 고대 로마인들에게 '이브닝 에메랄드^{Evening Emerald}'라 불렸다.

에피도트^{녹렴석}와 색과 이름이 비슷하여 종종 혼동하는 경우가 많다. 특히 투명한 녹색빛 때문에 에메랄드로 종종 오인받기도 했는데, 클레오파트라가 수집한 에메랄드가 사실은 페리도트였다는 설도 있다.

7

화학명	규산마그네슘
색	암녹색, 녹갈색
원산지	중국, 미얀마, 노르웨이 등
용도	내화 벽돌, 이스탄불의 톱카프 궁전

페
리
도
트

101

SCHORL

숄
[철전기석鐵電氣石]

숯처럼 새카만 주상 결정을 가진 돌

결정에 열을 가하거나 압력을 가하면 결정 모양이 변형되면서 정
전기를 띠기 때문에 전기석이라는 이름이 붙었다. 전기석은 붕소
나 알루미늄 등을 함유한 규산염 광물인 투르말린Tourmaline군에 속
하며, 투르말린에는 숄이나 엘바이트Elbaite, 리티아 전기석 등 30종
이 넘는 광물종이 존재한다. 보석으로 가공할 수 있는 품질의 투르
말린은 대부분 리티아 전기석에 속한다.

숄은 철을 함유하고 있는데, 전기석 중에서 산출량이 가장 많다.
검은색의 불투명한 돌이 가장 흔하며 페그마타이트 안에서 주상
결정으로 산출된다. 철보다 마그네슘을 많이 함유한 돌은 드라바
이트Dravite, 갈전기석라는 별도의 광물로 분류된다.

7

화학명 붕산규산알루미늄
색 검은색, 흑갈색
원산지 미국, 캐나다, 멕시코 등
용도 빅토리아 왕조 시대의 예복

숄

102

QUARTZ

쿼츠
[수정水晶]

영원히 녹지 않는 얼음이라 불리는 돌

석영은 얼음과 장석에 이어 세 번째로 많은 조암광물로 지각 내부
의 약 20%를 차지한다. 지구상의 광물을 통틀어서 가장 다양한 종
류의 보석을 지니고 있으며 애미시스트, 시트린, 칼세도니, 아게이
트 등을 함유하고 있다.

7

석영 중에서도 투명도가 높은 큰 결정을 쿼츠^{수정}라 부르며, 그
중에서도 내부에 침상 결정을 가진 루틸 쿼츠^{Rutilated Quartz}, 하얗
고 불투명한 밀키 쿼츠^{Milky Quartz}, 붉은색 빛을 내는 레인보우 쿼츠
^{Rainbow Quartz} 등은 아름답기로 손에 꼽힌다. 전압을 가하면 일정하
게 늘어나거나 줄어드는 신축성을 가지고 있어서 인공 수정은 쿼
츠 시계처럼 시간을 측정하는 전자기기에 사용되기도 한다.

화학명	산화규소
색	무색, 노란색, 갈색, 고동색, 청색, 보라색, 담홍색, 검은색
원산지	브라질, 스페인, 스코틀랜드 등
용도	보석 장식품, 광파이버, 쿼츠 시계, 휴대전화, 컴퓨터

쿼츠

103

AGATE

아게이트
[마노瑪瑙]

연륜이 느껴지는 아름다운 줄무늬 모양의 돌

석영의 변종으로 줄무늬 모양을 가진 칼세도니를 '아게이트'라고
부른다. 잘린 동그란 단면에는 동심원 모양의 선명한 색이 층층이
나타난다. 보석 장식품인 카메오^{Cameo}는 아게이트의 줄무늬 모양
을 이용하여 만든 것이 시초였다.

   지오드^{정동}라 불리는 원형의 돌을 반으로 쪼개면 내부에 마노가
발견되는 경우가 있다. 이는 용암이 식은 자리에 남겨진 광물 안에
기체가 유입되면서 구멍을 만드는데, 구멍의 내벽이 마노로 덮이면
서 생성되는 것이다. 내부가 반짝반짝 빛나는 이유는 마노의 표면
에 쿼츠 등 다른 광물이 섞이면서 결정으로 만들어졌기 때문이다.

7

화학명	산화규소
색	무색, 노란색, 갈색, 고동색, 청색, 보라색, 암홍색, 검은색
원산지	브라질, 남아프리카, 보츠와나 등
용도	보석 장식품, 조각, 비즈, 카메오 장신구

104

GRAPE CHALCEDONY

그레이프 칼세도니
[포도옥수葡萄玉髓]

포도 모양의 입상 결정을 가진 돌

그레이프 칼세도니는 비교적 최근인 2016년 인도네시아에서 처음으로 산출되었다. 결정 모양이 포도를 닮았다. 보라색을 띠는 천연 칼세도니는 매우 희소하기 때문에 가치가 높다. 결정 하나의 직경은 4~8mm로 매우 작고, 색깔은 연한 보라색부터 진한 보라색까지 다양하며 어두운 녹색을 띠는 돌도 있다.

색이 균일한 돌은 그레이프 칼세도니, 그러데이션이 있는 돌은 그레이프 아게이트 칼세도니Grape Agate Chalcedony로 구분한다. 그레이프 아게이트 칼세도니 중에는 포도처럼 녹색에서 보라색으로 바림이 있는 돌도 있는데, 이 아름다운 색을 이용해 비즈 장식을 만든다.

화학명	산화규소
색	무색, 녹색, 청색, 보라색
원산지	브라질, 인도네시아 등
용도	보석 장식품, 비즈

105

DUMORTIERITE

뒤모르티에라이트
[듀모티어석]

라피스 라줄리를 닮은 진한 남색 돌

명칭은 1881년 알프스 산맥에서 이 광물을 처음으로 발견한 프랑
스의 고고학자 외젠 뒤모르티에Eugène Dumortier의 이름에서 유래되
었다. 다색성을 지닌 돌로 일반적으로 분홍색이 섞인 보라색 또는
청색을 띠지만, 갈색이나 초록색을 띠기도 한다. 가장 가치가 높은
돌은 선명한 보라색 돌로 라피스 라줄리를 닮아 '데저트 라피스사
막의 라피스'라 불린다.

거대한 덩어리 형태로 발견되는 경우도 많으며 카보숑 커팅으
로 위를 볼록하고 매끄럽게 다듬으면 보석이나 조각 장식으로 사
용된다. 드물게 수정 내부에 결정이 형성되는 인 쿼츠 돌은 아름다
워서 인기가 많다. 품질이 좋은 돌은 '블루 팬텀Blue Phantom'이란 이
름으로 시중에서 고가에 거래된다.

7.5

화학명	산화붕산규산알루미늄
색	녹색, 갈색, 청색, 보라색, 붉은 보라색
원산지	미국, 마다가스카르, 일본 등
용도	보석 장식품, 조각

106

ZIRCON

지르콘
[지르콘석]

44억 년 전에 생성된 가장 오래된 광물

호주 서부 잭힐스에서 발견된 돌로 44억 년 전에 형성된 것으로 추정되는, 지구상에서 가장 오래된 광물이다. 태양계 나이가 약 46억 년인 점을 고려한다면, 지구 초기 환경과 생명 기원에 관한 많은 비밀을 품고 있는 광물이기도 하다. 풍화에 강하고 무거워서 해안 등지의 모래에서도 종종 발견된다.

7.5

굴절률이 높고 분산광Diffuse을 내는 다채로운 색을 지닌 보석으로 무색 지르콘은 다이아몬드의 모조품으로 이용된다. 지르코니아Zirconia라 불리는 인공 돌은 이름이 비슷하여 혼동하기 쉬우나 지르콘과 다른 성질을 가진 돌이다. 많은 종류의 암석에 함유된 단단한 광물이기 때문에, 방사 연대를 측정할 때 흔히 이용된다.

화학명	규산지르코늄
색	무색, 회색, 노란색, 녹색, 청색, 적갈색
원산지	호주, 미얀마, 캄보디아 등
용도	보석 장식품, 지층의 연대 측정, 특수 내화물

지르콘

107

AQUAMARINE

아쾨마린

[남옥藍玉]

뱃사람이 항해할 때 수호석으로 지닌 돌

광물명은 베릴Beryl, 녹주석이며 베릴륨의 자원 광물이다. 결정의 이온 결합 방식에 따라 다양한 색을 띠며 색마다 다른 보석 명칭을 가지고 있다. 하늘색은 '바다의 물'이라는 의미의 아콰마린, 분홍색은 모거나이트Morganite, 녹색은 에메랄드, 노란색은 '태양'을 의미하는 그리스어의 헬리오도르Heliodor, 골든 베릴, 붉은색은 레드 베릴Red beryl, 무색은 고셰나이트Goshenite라 부른다.

7.5

아콰마린은 미량의 철을 함유하면 하늘색으로 변하는데, 색이 진할수록 가치가 높은 것으로 인정받는다. 따라서 열처리를 통해 인위적으로 푸른색을 강조하는 경우가 많다.

화학명 규산알루미늄베릴륨

색 무색, 청색

원산지 러시아, 미국, 브라질 등

용도 보석 장식품, 베릴륨의 자원 광물

아
콰
마
린

108

EMERALD

에메랄드
[취옥翠玉]

클레오파트라가 사랑한 보석의 여왕

베릴의 변종으로 비취색을 띤 투명하고 아름다운 보석이다. 무색 투명한 베릴이 미량의 크롬이나 바나듐을 함유하면 녹색을 띤다. 다이아몬드, 루비, 사파이어와 함께 4대 보석 중 하나이다.

7.5

고대 이집트인들에게 에메랄드는 번영과 생명의 상징이었으며 클레오파트라가 사랑한 보석이기도 해서 '보석의 여왕'이라 불렸다. 대부분은 페그마타이트 안에서 산출된다. 또한 지표면 깊은 곳의 강한 압력을 받은 흑운모 편암 또는 석영의 광맥 안에서 생성되기 때문에 결정에 금이 가거나 흠집이 나는 경우도 많아 청명한 녹색의 에메랄드는 희소가치가 높다.

화학명	규산알루미늄베릴륨
색	황색, 녹색
원산지	브라질, 콜롬비아, 잠비아 등
용도	보석 장식품, 톱카프의 단검

에메랄드

109

PHENAKITE

페나카이트
[페나카이트]

수정을 닮은 무색투명한 돌

규산과 베릴륨으로 구성된 광물로 1883년에 러시아 우랄 지방에 있는 에메랄드 광산에서 최초로 발견되었다. 무색투명한 페나카이트는 무색의 쿼츠와 구별하기 어려워 '속이다'를 뜻하는 그리스어에서 명칭이 유래되었다. 대부분 반투명한 회색 또는 노란색을 띠지만 드물게 진한 장미색을 띠는 페나카이트가 산출되기도 한다.

7.5

쿼츠와 페나카이트를 구별하기 위해서는 중량과 경도를 비교해 보는 방법을 사용한다. 중량과 경도가 높은 것이 페나카이트이다. 굴절률은 토파즈보다 높고, 다이아몬드에 버금가는 아름다운 빛을 낸다.

화학명	규산베릴륨
색	무색, 흰색, 회색, 노란색, 암적색
원산지	러시아, 프랑스, 노르웨이 등
용도	보석 장식품

페
나
카
이
트

110

SPINEL

스피넬
[첨정석尖晶石]

왕실의 보석으로 사랑받은 돌

스피넬은 '작은 가시'를 의미하는 라틴어 'spina'에서 명칭이 유래되었다. 팔면체 결정으로 끝이 뾰족하게 보이기 때문에 붙여진 이름이다. 원래는 무색투명하지만 다른 원소가 섞이면서 다양한 색을 낸다. 특히 투명한 돌에 미량의 철 또는 크롬이 함유되면 아름다운 붉은색을 띠는데, 이를 '루비 스피넬Ruby Spinel'이라 부른다.

보석으로 커팅하면 루비와 구별하기 어렵다. 백년 전쟁에서 검은 갑옷을 입고 활약하며 '흑태자'라는 별명을 얻은 영국의 에드워드 황태자의 왕관이 루비로 만들어진 줄 알았는데, 사실은 루비가 아니라 스피넬이었다는 사실이 후에 밝혀지기도 했다. 자연광과 백열등에서는 색이 변하는 알렉산드라이트Alexandrite와 같은 성질을 지닌 스피넬도 있다.

화학명	마그네슘·알루미늄
색	무색, 노란색, 주황색, 녹색, 청색, 적색, 검은색
원산지	스리랑카, 미얀마, 베트남 등
용도	보석 장식품, 까르띠에 시계

111

TOPAZ

토파즈
[황옥黃玉]

이집트에서 태양신 '라'를 상징하는 돌

페리도트의 산지로도 유명한 홍해의 자바르가드섬은 짙은 안개 때문에 사람들이 쉽게 찾을 수 없어 '찾는 섬', 곧 토파지오스^{To-}pazios라는 별칭으로 흔히 불렸다고 한다. 이 섬에서 나는 보석을 섬 이름을 따 '토파즈'라고 부르게 되었다는 설이 있다. 토파즈는 페리도트와 색이 비슷하여 고대 그리스·로마 시대에는 페리도트와 종종 혼동되었고, 때로는 페리도트를 토파즈로 지칭하기도 했다.

한자로는 '황옥(黃玉)'이라 쓰기 때문에 노란색 보석이라는 이미지가 강한데 실제로는 다양한 색을 가지고 있다. 그중에서도 가장 가치 있는 돌은 천연 분홍색 토파즈다. 애미시스트를 가열해 만든 시트린 토파즈나 자외선 처리로 색을 변색시킨 블루 토파즈 등 인공적으로 가공한 돌이 보석 판매점 등에서 많이 유통되고 있다.

화학명	불화규산알루미늄
색	무색, 노란색, 주황색, 금색, 녹색, 청색, 분홍색
원산지	러시아, 브라질, 독일 등
용도	보석 장식품, 17세기 포르투갈 왕의 왕관

토
파
즈

112

ALEXANDRITE

알렉산드라이트

[금록석金綠石]

러시아 황제의 이름에서 유래된 돌

베릴륨과 알루미늄으로 이뤄진 산화 광물 크리소베릴Chrysoberyle의
일종이다. 1830년대 우랄산맥에서 최초로 발견되었다. 알렉산드   8.5
라이트가 러시아 황제에게 헌상된 날이 당시 황태자인 알렉산더 2
세의 생일과 같아 그를 기념하여 알렉산드라이트라고 이름이 붙
여졌다.

  태양광 아래서는 녹색이나 청록색을 띠고, 인공적인 불빛에서
는 선명한 붉은색이나 붉은 보라색으로 변하는 특징이 있다. 이는
보석 안에 미량으로 함유된 크롬이 빛의 파장 일부를 흡수·반사
하기 때문에 발생하는 현상이다. 한편, 10캐럿을 넘는 돌이 거의
없어 희소가치가 높다.

화학명	산화베릴륨알루미늄
색	노란색, 갈색, 녹색
원산지	러시아, 미얀마, 짐바브웨이 등
용도	보석 장식품

알렉산드라이트

113

SAPPHIRE

사파이어

[청옥青玉]

성직자의 반지에 사용된 성자의 돌

'파란색'을 의미하는 그리스어 'sappheiros'에서 명칭이 유래되었다. 산화알루미늄으로 이뤄진 산화 광물 커런덤Corundum, 다른 이름으로 강옥(鋼玉) 중에서 붉은 것을 '루비'라 하는데, 이를 제외한 것을 사파이어라고 부른다. 미량의 티탄이나 철을 함유하면 푸른 빛을 띤다. 특히 최고급 품질은 짙은 파란색 보석으로 인도 카슈미르 지방에서 채굴되는 '콘플라워'와 미얀마의 '로열 블루'가 유명하다.

녹는점이 2,000℃ 이상으로 열에 강하고 단단하며 전기가 통하지 않는 인공 합성에 성공하면서 명품시계를 포함한 전자제품 및 내시경과 같은 의료기기에 인공 사파이어가 두루 사용되고 있다.

9

화학명	산화알루미늄
색	짙은 붉은색을 제외한 모든 색
원산지	미국, 케냐, 마다가스카르 등
용도	보석 장식품, 시계, 망원경 렌즈, LED, 내시경

사
파
이
어

114

RUBY

루비
[홍옥紅玉]

왕이 사랑한 승리를 부르는 돌

무색투명한 커런덤에 미량의 크롬이 섞이면 붉은색을 띤다. 이처 럼 커런덤의 붉은색 변종을 보석명으로 루비라 부른다. 빨간색을 의미하는 라틴어 'ruber'에서 유래하였다. 사파이어 중에 붉은색 을 띠는 핑크 사파이어Pink Sapphire와 루비를 구별하기 위해서는 기 준이 되는 돌이 필요하다.

산지에 따라 루비의 붉은빛이 조금씩 다른데 미얀마의 만달레 이 지방에서 채굴되는 진한 붉은색의 '피존 블러드비둘기의 피'가 최 상급 품질의 보석으로 알려져 있다. 10캐럿을 넘는 보석은 매우 희 소하며 그만큼 결정이 클수록 희소가치가 높다. 1902년에 프랑스 화학자 베르뇌유Auguste Verneuil가 화염용융법Flame Fusion Method을 이 용해 인공 루비 합성에 성공하면서 루비는 인공 합성에 성공한 세 계 최초의 보석이 되었다. 오늘날에는 뜨거운 용액을 이용하는 열 수법으로 인공 루비를 합성해 산업적으로 널리 이용한다.

화학명	산화알루미늄
색	짙은 붉은색
원산지	스리랑카, 미얀마, 나이지리아 등
용도	보석 장식품, 시계, 레코드플레이어의 침, 사포

루비

9

115

DIAMOND

다이아몬드
[금강석金剛石]

지각의 맨틀에서 탄생한 보석

순수한 탄소로 이뤄진 천연 광물이다. 다이아몬드라는 명칭은 '부스러지지 않는'을 뜻하는 그리스어 'adámas'에서 유래되었다. 광물 중에서 제일 단단하고 광택이 아름다우며, 금속의 몇 배에 달하는 열전도율을 지녔다. 지하 150~200km에 있는 고온·고압의 맨틀에서 생성된 다이아몬드는 마그마가 시속 약 2,000km로 뿜어져 나올 때 처음 지표로 나온다. 산출량이 매우 적고 그중에서도 약 20% 정도만이 보석으로 가공할 수 있기 때문에 희소가치가 높다.

예전에는 강 속 자갈에서 결정으로 산출되었지만, 1867년에 남아프리카의 화성암킴벌라이트에서 다이아몬드 원석이 발견된 이후 원석으로 채굴되고 있다. 1950년대에는 흑연으로 인공 다이아몬드를 제작하는 기술이 개발되면서 산업 분야에 이용되고 있다.

10

화학명	탄소
색	무색, 색 전체
원산지	미국, 캐나다, 브라질 등
용도	보석 장식품, 수술용 메스, 드릴, 석유 시추

다이아몬드

TRADITION

보석의 전설

악령을 쫓아내는 보석

수백 년 가까이 인류는 보석에 강력한 영적인 힘이 있다고 믿어왔다. 실제로 장식품에 사용된 최초의 보석은 주인에게 행운을 가져다주고, 사악한 악령을 쫓아내는 '수호신' 역할을 했다. 보석 세공 기술의 발전으로 예술품으로서 돌의 가치가 주목받으면서 돌은 미신적인 의미보다 '부와 명예의 상징'으로 자리 잡기 시작했다. 이 장에서는 보석의 영적인 힘이 있다고 믿었던 고대 인류가 각각의 보석에 어떤 의미를 부여했는지 하나하나 살펴보도록 하겠다.

애미시스트 [자수정]

AMETHYST

애미시스트라는 아름다운 여인이 술의 신 디오니소스의 무리한 요구를 거부하고 달의 여신 아르테미스에게 도움을 청하자 아르테미스는 애미시스트를 순백의 수정으로 바꾸어주었다. 술에서 깬 디오니소스가 수정으로 변한 애미시스트를 보고 자신의 죄를 뉘우치며 수정에 와인을 붓자 순백의 수정이 보라색으로 변했다는 이야기가 전해진다. 이 전설에 의해 고대 그리스에서는 자수정을 몸에 지니면 취하지 않는다고 여겼으며 자수정으로 만든 술잔에 마시면 아무리 치명적인 독약이라도 그 효력을 발휘하지 못한다는 전설이 전해진다.

오팔 [단백석]

OPAL

몸에 지니면 '재난으로부터 몸을 보호할 수 있다'와 '불행에 빠지게 된다'라는 상반된 전설을 가지고 있는 돌이다. 호주의 전설에서는 '오팔이 지하에 숨어 있는 반인반수의 괴물이며 사악한 빛으로 인간을 파멸시키는 돌'이라 전해진다. 그러나 다른 전설에서는 오팔을 '눈의 돌', '세계의 눈'이라 부르며 눈병에 효과가 있고 시력 향상에 도움을 준다고 전해진다.

쿼츠 [수정]
QUARTZ

'힘의 돌'이라 불리며 악령으로부터 몸을 보호하는 수호석으로 수백 년 동안 여겨졌던 돌이다. 주술 의식이나 신성한 제식에 사용되었다. 정신을 집중시키는 효과가 있어 수정 구술은 투시에 사용되었다. 스모키 쿼츠는 '꿈의 돌'이라 불리며 부정적인 감정으로부터 몸을 보호하는 치유의 돌이며 불투명한 흰색의 밀키 쿼츠는 악령으로부터 몸을 보호해주는 돌로 주술적인 의식에 사용되었다.

말라카이트 [공작석]
MALACHITE

마음을 안정시키는 효과가 있으며, 공작새의 날개처럼 생긴 말라카이트의 소용돌이 모양이 사악한 눈을 물리친다는 전설을 가진 돌이다. 아이를 지켜주는 수호석이라 알려져 있으며 유리로 된 상자에 넣어두면 악령을 막아주어 아이가 편안하게 잠들 수 있게 해준다고 믿어왔다. 또 태양이 어둠에 가려지기를 기다리는 마녀와 악귀, 사악한 정령을 퇴치해주기 때문에 태양 모양의 말라카이트 부적이 유행하기도 하였다.

블러드스톤 [혈옥수]
BLOODSTONE

고대 이집트에서는 블러드스톤을 여신 '이시스Isis의 피'라 여기며 사람이 죽었을 때 무덤에 함께 매장했다. 여성을 보호해주는 수호석으로 월경이나 임신, 출산 등과 같이 피와 관련된 문제로부터 몸을 보호해준다고 한다. 또 상처에서 피가 흐르는 것을 막아주는 효과가 있다 하여, 고대 로마 병사와 검투사는 몸에 블러드스톤을 지니고 전장에 나섰다.

시트린 [황수정]
CITRINE

정신 집중을 도와주는 수호석으로서 시트린은 소화기 계통 또는 순환기 계통의 병을 예방하는 효과가 있다고 알려졌다. 또 '수호의 수정'이라 불리며 스트레스나 마음의 병을 완화시켜주는 데 효과가 있는 것으로 여겨졌다. 이 밖에 '상인의 돌'이라고도 불리며 금고에 넣어두면 사업이 번창한다고 하나, 불행을 부르는 돌이라며 기피하는 사람도 있다고 한다.

다이아몬드 [금강석]
DIAMOND

다이아몬드를 몸에 지니면 정신력이 강해져 승리를 가져온다는 전설이 있다. 모세의 율법인《탈무드》에도 등장하는데, 가령 유죄이면 다이아몬드의 광채가 약해지고 무죄이면 더욱 밝게 발하기 때문에 사제들이 죄를 판결할 때 사용했다고 한다. 한편 '저주받은 다이아몬드'로 잘 알려진 '호프 다이아몬드Hope Diamond'는 그 이름과는 달리 이를 지닌 자가 대대로 살인, 사고, 사형, 자살, 파산 등의 불행을 겪었다고 한다.

제트 [흑석]
JET

중세 시대에는 '검은색 호박'이라 불렀다. 새카만 돌이 나쁜 기운을 흡수해 병이나 독, 빙의, 악몽, 우울증으로부터 지켜주는 수호석으로 알려졌다. 고대 메소포타미아 문명이 번영한 곳에서는 북잉글랜드에서 옮겨온 돌이 발견되고 있는데, 이를 통해 고대인들의 신앙의 깊이를 짐작해볼 수 있다.

EP. 9

라피스 라줄리 [청금석]
LAPIS LAZULI

신들이 사는 밤하늘을 연상시키는 짙은 청색을 가진 돌로 사악한 악령으로부터 몸을 보호해준다고 한다. 그리스에서는 이 돌을 가루로 만들어 뱀독을 해독하는 약으로 사용했고, 아시리아 제국에서는 우울증 치료제로 사용했다고 한다. 고대 불교에서는 '마음의 평화를 가져오는 돌'로 받아들여졌고, 고대 이집트에서는 죽은 자를 지하세계로 안내하는 매의 머리를 가진 '태양신의 상징'으로 여겨져 종교적인 동물을 본뜬 부적으로 만들어졌다.

EP. 10

카닐리언 [홍옥수]
CARNELIAN

사람들 앞에서 말하기 두려워하는 사람을 달변가로 만들어준다는 전설을 가진 돌이다. 예언자 무함마드가 카닐리언으로 만든 반지를 부적으로 오른손 약지에 끼고 다니면서 이슬람교도들에게 많은 인기를 얻었다. 또한 그들은 카닐리언에 코란의 구절을 새겨 수호석으로 만들기도 했다. 나폴레옹이 이집트 원정에 나갈 때 코란의 구절을 새긴 인장을 시계 줄에 달아 몸에서 한시도 떨어지지 않게 지니고 다녔다고 한다.

에메랄드 [취옥]

EMERALD

예지 능력을 강화하는 효과가 있다고 알려져 마법사들이 즐겨 찾던 돌이다. 또 집에 두면 사악한 정령을 쫓아내준다는 등의 미신적 의미가 강한 돌이다. 이슬람권 국가에서는 돌 표면에 코란의 구절을 새겨 수호석으로 사용했다. 페르시아에서는 뱀이 에메랄드의 성스러운 빛을 보게 되면 눈이 먼다 하여 여행자는 왼쪽 팔에 에메랄드 조각을 두르고 다녔다고 한다.

제이드 [비취]

JADE

중국에서는 고대부터 동물 모양을 본뜬 비취를 몸에 지니는 문화가 있을 정도로 중국인들에게 많은 인기가 있는 돌이다. 혼례에서 '사랑을 성취한 상징'으로 신랑이 신부에게 나비 모양의 비취를 선물하기도 했으며, 제사에서 죽은 이의 입에 '함옥(含玉)'이라 하는 옥을 넣는 풍습도 있었다. 아이를 지키는 자물쇠 모양과 비슷한 비취는 목에 걸면 질병과 위험으로부터 몸을 보호해준다고 전해진다.

루비 [홍옥]
RUBY

빛나는 루비를 지닌 자는 나라를 빼앗기지 않으며 모든 사람과 원만한 관계를 유지하며 심신이 평화로워 위험으로부터 몸을 지킬 수 있다고 알려졌다. 루비의 효과를 극대화하기 위해서는 몸 왼쪽에 루비를 지니면 좋다고 한다. 최상급 보석이 채굴되는 미얀마에는 루비를 몸에 지니면 불사신이 된다는 전설이 있어 피부 속에 루비를 이식해 몸의 일부처럼 지니고 다녔다고 한다.

사파이어 [청옥]
SAPPHIRE

강력한 수호석으로 수많은 왕이 목걸이로 사용하면서 '왕의 보석'이라 불렸다. 특히 사파이어에는 배신자를 가려내고 저주를 막는 힘이 있다고 알려졌다. 또 적의 마음을 온화하게 만들고, 눈병을 예방하는 효과가 있다고도 알려져 있다. 1198년부터 1216년까지 로마 교황으로 재위한 인노켄티우스 3세는 순결한 마음을 지키기 위해 추기경들에게 '천국을 상징하는 색'인 사파이어를 반지로 만들도록 명했다고 한다. 이 밖에도 연금술사가 좋아하는 돌이기도 하다.

아게이트 [마노]
AGATE

원기를 회복해주는 효과가 있다고 알려져 '불의 돌'이라 불렸다. 대지를 수호하는 돌로, 정원사가 이 돌을 지니면 정원에 꽃이 만발하고 농기계에 돌을 붙이면 풍작이 된다는 전설이 있다. 불면증에 효과가 있고 좋은 꿈을 꾸는 데 도움이 된다고 알려져 있다. 서아시아의 한 지역에서는 아게이트를 보석이 숨겨진 장소를 알려주는 돌이라 믿었으며, 고대 로마 시대에는 주술을 부리기 위해 아게이트 반지를 몸에 지니고 다녔다고 한다.

아콰마린 [남옥]
AQUAMARINE

'마음을 평온하게 하는 돌'이라 불렸으며, 마음을 안정시키고 스트레스를 막아주는 힘이 있다고 믿었다. 바다색과 닮아 오랫동안 뱃사람의 수호석으로 사랑받았고, 생사의 갈림길에서 '용기의 돌'로 효력을 발휘한다고 한다. 또 마술사가 미래를 볼 때 사용하여 '예언자의 돌'이라고도 불리는 등 다양한 효력을 지닌 돌로 알려져 있다.

옵시디언 [흑요석]

OBSIDIAN

'블랙 벨벳'이라 불리는 화산 유리로 부정적인 기운을 흡수하고 고난을 극복하는 힘을 준다고 알려졌다. 수호석으로 곁에 두고 잠을 자면 나쁜 꿈을 피하게 해주는 효과가 있다. 중남미에서는 옵시디언으로 만든 원형 거울을 점술에 사용했다. 또 16세기 유럽에서는 옵시디언으로 만든 거울을 통해 천사의 메시지를 받을 수 있다고 믿었다.

문스톤 [월장석]

MOONSTONE

'행운을 부르는 성스러운 돌'로 인도에서는 결혼식 당일 신랑이 신부에게 문스톤을 건네주었다. 연인들의 사랑이 깊어지게 하고 운을 점치는 능력을 가져다준다고 한다. 또 '어머니를 상징하는 대지의 돌'로 불임과 난산을 예방하는 효과가 있다고 알려져 있다. 이 밖에도 '여행자의 돌'이라 불리며 여행지에서 밤중에 무서운 맹수로부터 몸을 보호하고 잘 때 악몽을 꾸지 않게 해준다고 한다.

토파즈 [황옥]
TOPAZ

다양한 빛깔을 내는 토파즈는 힘을 상징하는 돌이다. 질병, 두려움, 부정으로부터 몸을 지켜주는 수호석으로도 통한다. 실명과 역병의 저주에 효과가 있다고 알려졌으며, 중세 사람들은 특히 사악한 눈으로부터 몸을 보호하기 위해 금으로 만든 팔찌에 토파즈를 달아 왼팔에 찼다고 한다. 사랑의 돌이기도 한 토파즈를 몸에 지니면 인간관계의 다양한 문제가 해결된다고 한다.

가넷 [석류석]
GARNET

'정열의 돌'이라 불리며 성적인 균형이 깨지는 것을 막아준다. 특히 하트 모양의 가넷에는 사랑하는 이성을 매혹시키는 힘이 있다고 한다. 또 밤에 베개 아래에 가넷을 두면 악몽과 사악한 정령으로부터 보호해준다는 전설이 있다. 우울한 감정을 막아주는 효과가 있다고 믿었던 이탈리아에서는 미망인이 가넷으로 만든 목걸이를 몸에 지녀 '미망인의 돌'이라 불렸다.

튀르쿠아즈 [터키석]

TURQUOISE

많은 민족 사이에서 부적으로 사용되었다. 터키에서는 기수가 몸에 지니면 말에서 떨어져도 다치지 않는다고 믿었고, 말의 이마나 안장에 터키석을 붙여 말을 보호하는 수호석으로도 사용했다. 고대 아스테카 문명에서는 '신의 돌'이라 불리며 전쟁에서 공격력이 높아지도록 무기에 돌을 넣었다고 한다. 인디언 주얼리로 유명한 북아메리카의 인디언종족인 나바호Navajo족은 터키석을 지구의 에너지가 깃든 '성스러운 돌'로 여겼다.

오닉스 [호마노]

ONYX

고대에서는 성스러운 돌이었으나 중세에 와서 부정적으로 인식되면서 오닉스를 몸에 지닌 자는 악마에게 공격을 받는다고 알려졌다. 흥분된 감정을 진정시키는 효과가 있다 하여 인도에서는 연인 사이를 갈라놓게 할 목적으로 사용했기 때문에 '이별의 돌'이라 불렸다. 오늘날에는 다시 좋은 의미를 되찾아 순결한 마음을 지키고 집중력과 절제력을 높이는 데 효과가 있다고 알려져 있다.

마치며

마치며

공들여 가공한 보석도 물론 아름답지만, 나는 자연 그대로의 돌이나 소원을 비는 도구 또는 수호석처럼 토착 신앙의 상징으로서의 돌이 훨씬 더 매력적이라고 생각한다.

예전에 실크로드를 여행할 때, 돌을 판매하는 티베트의 한 상인으로부터 민족 대대로 수호석으로 전해져오는 2,000년 전의 터키석을 받은 적이 있었다. 신실한 불교 신자가 많은 티베트에서는 먼 옛날 이 돌을 문지르며 하늘을 향해 기도를 올렸다고 한다. 그들이 즐겨 마시는 버터차가 돌에도 스며들었는지 독특한 광택의 깊이 있는 색 조합이 아름다웠다. 머나먼 대륙에서 온 오래된 돌에는 인상적인 전설이 깃들어 있어 참 낭만적이다.

돌아보면 돌을 찾아 떠난 여행은 이십 대 시절이 가장 기억에 남는다. 한번은 서아시아 국가를 방문했을 때, 라피스 라줄리로 만든 조각과 보석 장식품이 거리 곳곳에 넘쳐나는 것을 보고 과연 라피스 라줄리의 산지임을 체감했다. 그 여행에서 사해(死海) 바닥에 있던 흰색 돌을 몇 개 가지고 돌아왔다. 기도실에 두었더니 표면에 하얀 가루가 생기고 몇 년이 지나자 돌에 커다랗게 금이 생겼다. 궁금해서 들어 올려보니 부서지듯이 가루로 변했다. 염분이 높고 미네랄이 풍부한 물에 장시간 잠겨 있었기 때문인 듯하다. 실제로 이러한 돌과 관련된 나의 경험들은 놀라움과 발견의 연속이었다.

길가의 흔한 돌멩이에서도 매우 의미 있는 발견을 하기도 한다. 특히 종교와 민족의 역사가 담겨 있는 돌에 깃든 전설은 굉장히 흥미롭다. 이 책이 새로운 지식의 지평을 넓히고 누군가의 인생을 윤택하게 하는 데 미력이나마 도움이 된다면 저자로서 그보다 기쁜 일은 없을 것이다.

야하기 치하루

광물

용어

【광물】
암석을 구성하는 물질로 대부분 두 종류 이상의 원소로 구성되어 있다. 현존하는 광물은 5,200여 종에 이른다.

【광상】
자원으로 이용할 수 있는 유용한 광물이 땅속에 대량으로 묻혀 있는 장소

【굴절률】
빛이 투명한 보석을 투과할 때 속도와 방향을 바꾸는 현상

【동질이상】
같은 화학성분을 가진 물질이 압력이나 온도 변화에 따라 서로 다른 결정구조를 이루는 것

【모암】
광물 표본에서 결정이 만들어지는 과정에서 토대가 되는 광물 및 암석

【박편 효과】
내부에 들어 있는 헤마타이트나 구리의 작은 조각이 빛을 반사하여 반짝반짝 빛을 내는 효과

【벽개】
결정에 충격을 가하면 특정 방향으로 틈이 생기고 평평한 면을 보이며 쪼개지는 성질

【변종】
색과 투명도, 특수효과 등의 기준에 따라 광물종을 세분화한 것

【보석】
빛깔과 광택이 아름답고 내구성, 희소성 및 가치가 높다고 인정된 광물

【브릴리언트 컷】
다이아몬드 연마 방식의 하나로 보석의 광택을 최대한 끌어내기 위해 58면체의 다각으로 완성하는 방법

【실러】
카보숑 커트를 하면 표면에 나오는
흰색에서 청색의 빛 테두리

【쌍정】
두 개 이상의 동일한 종류의 단결정
이 일정 각도로 접합된 것

【오팔 컷】
브릴리언트 컷의 일종으로 보석의
원래 형태가 타원형인 것

【운색·훈색】
광물 내부나 표면에서 빛이 간섭하
며 나타나는 무지개 같은 빛깔

【유색효과】
오팔 등에서 관찰되는 광학 현상으
로 간섭광이 반사되어 보는 각도에
따라 여러 색으로 보이는 현상

【이중굴절】
결정계의 광물에 빛이 침투할 때 빛
이 두 방향으로 갈라지는 현상

【이차광물】
일차광물이 변성작용 및 풍화작용에
의해 다른 광물로 변한 것

【인공 결정】
천연 광물과 화학성분이 동일하게
인공적으로 만든 결정

【지오드·정동】
암석이나 광맥 속 빈 곳의 내면에 쿼
츠 등의 결정을 이룬 광물이 빽빽하
게 덮여 있는 것

【카보숑 커트】
돌의 모양과 빛을 즐길 수 있도록 표
면을 돔 모양으로 연마하는 방법

【캐럿】
보석의 중량 단위로 1캐럿은 0.2g에
해당한다. 기호는 K 또는 ct.이다.

【캐츠아이 효과】
카보숑 커팅을 한 보석의 내부 반사
로 인해 돌 표면에 나타나는 흰색
빛 테두리

【페그마타이트】
성글고 거친 입자의 결정으로 이뤄
진 화성암의 총칭. 대부분이 화강암
질로 구성된다.

【표사 광상】
흐르는 물이나 파도로 부서진 암석
에 포함된 비중이 큰 금속이 모래에
섞여 이뤄진 광상

색인

광물명

색인

광물 이미지

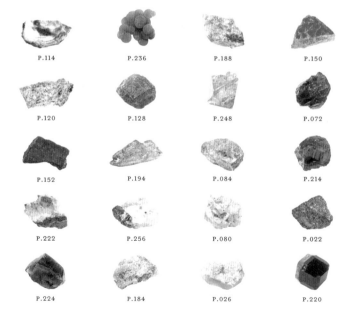

P.114

P.236

P.188

P.150

P.120

P.128

P.248

P.072

P.152

P.194

P.084

P.214

P.222

P.256

P.080

P.022

P.224

P.184

P.026

P.220

P.078 P.250 P.158 P.032

P.170 P.014 P.068 P.074

P.240 P.210 P.116 P.140

P.208 P.110 P.018 P.056

P.050 P.070 P.016 P.076

P.052 P.226 P.046 P.012

P.024 P.204 P.160 P.090

P.168 P.196 P.020 P.162

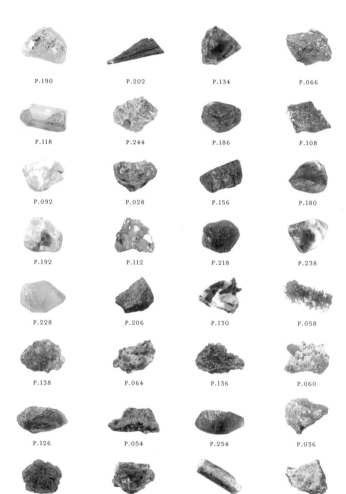

P.190

P.202

P.134

P.066

P.118

P.244

P.186

P.108

P.092

P.028

P.156

P.180

P.192

P.112

P.218

P.238

P.228

P.206

P.130

P.058

P.138

P.064

P.136

P.060

P.126

P.054

P.254

P.036

P.252

P.148

P.154

P.042

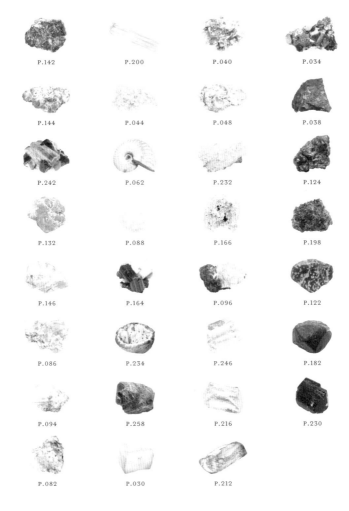

P.142 P.200 P.040 P.034

P.144 P.044 P.048 P.038

P.242 P.062 P.232 P.124

P.132 P.088 P.166 P.198

P.146 P.164 P.096 P.122

P.086 P.234 P.246 P.182

P.094 P.258 P.216 P.230

P.082 P.030 P.212

참고문헌

《보석과 광물의 대도감宝石と鉱物の大図鑑》스미소니언 협회

《광물·보석에 관한 모든 것을 알려주는 책鉱物宝石のすべてがわかる本》下林典正 (監修), 石橋 隆 (監修)/ナツメ社

《두근두근 광물도감ときめく鉱物図鑑》宮脇律郎 (監修)/山と渓谷社

《세계에서 가장 멋진 광물 교실世界で一番素敵な鉱物の教室》宮脇律郎 (監修)/三オブックス

《재미있는 광물도감楽しい鉱物図鑑》堀 秀道 (著)/草思社

《재미있는 광물도감②楽しい鉱物図鑑②》堀 秀道 (著)/草思社

《광물의 신비를 알려주는 책鉱物の不思議がわかる本》松原 聰 (監修)/成美堂出版

《나도 찾을 수 있다. 아름다운 돌 도감&채집 가이드自分で探せる 美しい石 図鑑&採集ガイド》円城寺 守 (著)/実業之日本社

《원석 캔들 만들기鉱物キャンドルのつくりかた》福間 乃梨子(著)/日東書院本社

《비주얼판 세계 수호석 대전ビジュアル版 世界お守り大全》Desmond Morris (原著), 鏡 リュウジ (翻訳)/東洋書林

《암석과 보석의 대도감岩石と宝石の大図鑑》Ronald Louis Bonewitz (原著),青木正博 (翻訳)/ 誠文堂新光社

《보석과 광물의 문화지宝石と鉱物の文化誌》ジョージ・フレデリック・クンツ (著), 鏡 リュウジ (翻訳)/原書房

《광물 인테리어—장식하고, 감상하고, 알다KOUBUTSU BOOK—飾って 眺めて 知って 鉱物のあるインテリア》門馬 綱一 (監修)/ビー・エヌ・エヌ新社

《세계에서 가장 재미있는 놀면서 배우는 광물도감世界一楽しい遊べる鉱物図鑑》さとう かよこ(著)/東京書店

지은이

야하기 치하루 矢作 ちはる

작가이자 일본 철새제작소대표. 철새가 국경을 넘나들며 여행을 하듯이 다양한 분야의 사람들과 함께 집필, 상품기획, 행사 등의 창조적인 작업에 참여하고 있다. 대기업 광고회사를 거쳐 출판사의 기획자 및 편집자로 일하다 독립했다. 취미는 계획 없이 떠나는 여행과 온천지 순례이며, 여러 나라의 수공품과 골동품, 광물 등 인간과 자연이 오랜 세월에 걸쳐 만들어낸 소중한 가치가 있는 물건을 수집한다.

그린이

우치다 유미 内田 有美

일본의 일러스트레이터. 디자인 사무소에서 근무 후 프리랜서로 활동하고 있다. 잡지와 책, 광고 외에 개인전 등 활발한 작품 활동을 이어가고 있다.

옮긴이

한주희

책에는 저마다 작가의 사유가 담겨 있으며, 이러한 작가의 사유를 표현하는 작업이 번역이라고 생각하는 사유하는 번역가이다. 대학에서 어문학을 전공하였으며, 일반 대학원에서 국제지역학을, 통번역 대학원에서 일본어 통번역을 공부하였다. 졸업 후 공기업 인하우스 통번역사를 거쳐 현재 전문 통번역사로 활동하고 있다. 옮긴 책으로는《영업 1년 차의 교과서》,《심리학 아는 척하기》,《논문 쓰기의 기술》등이 있다.

돌의 사전

초판 1쇄 발행 2020년 12월 15일
초판 2쇄 발행 2023년 3월 31일

지은이 야하기 치하루
그린이 우치다 유미
옮긴이 한주희

펴낸이 최정이
펴낸곳 지금이책
등록 제2015-000174호
주소 경기도 고양시 일산서구 킨텍스로 410
전화 070-8229-3755
팩스 0303-3130-3753
이메일 now_book@naver.com
블로그 blog.naver.com/now_book
인스타그램 nowbooks_pub

ISBN 979-11-88554-43-0 (03460)